О рабстве и свободе человека

Опыт персоналистической философии

Бердяев Николай Александрович

✦

论人的奴役与自由

［俄］别尔嘉耶夫 著

张百春 译

✦

上海人民出版社

目录

出版说明

　　本书的作者是 20 世纪俄罗斯最有影响力的哲学家之一，其人生经历充满着坎坷与传奇。

　　尼古拉·亚历山大罗维奇·别尔嘉耶夫（Бердяев Николай Александрович）1871 年出生在俄罗斯的一个贵族家庭。1894 年，别尔嘉耶夫考入基辅的圣弗拉基米尔大学自然学系，一年之后，转入法律学系。正如其在本书自序中所言，他从小深受托尔斯泰影响，托尔斯泰反抗虚伪社会关系的斗争精神，渗透进了他的身心。他自言："即使现在，在经历了漫长的探索之路后，我还能从自己身上辨认出这些对历史和社会现实的原初评价，能辨认出这种自由，即我摆脱了强迫性的社会传统，摆脱了思想健全的人的那些道德偏见，还能辨认出对暴力、'右派'和'左派'的反感。我把这看作是我身上精神的革命性，它可以产生对周围世界的各种反应。"这一革命性贯穿了他整个一生。

　　1898 年，别尔嘉耶夫因参加学生运动被捕，后被学校开除。

1

1901 年，他被判流放沃洛格达 3 年。1904 年，他来到彼得堡，参加《新路》杂志的编辑工作。1905—1906 年，别尔嘉耶夫又同布尔加柯夫一起编辑《生活问题》杂志，力图汇集当时社会、政治、宗教、哲学、艺术中的各种新潮流。随后几年，别尔嘉耶夫写就了大量作品：《从永恒的观点出发——哲学的、社会的和文学的经验（1900—1906 年）》《新的宗教意识和社会生活》《知识分子的精神危机》等。1911 年，他出版了第一部宗教哲学著作《自由的哲学》。

十月革命之后，别尔嘉耶夫最初抱着巨大的热情，但不久，社会革命的粗糙使他产生幻灭感。1918 年，别尔嘉耶夫创建了"自由精神文化学院"，在各种研讨班上讲授自己的理论，1920 年，莫斯科大学历史系和哲学系推选他为教授。不幸的是，1921 年，他因涉嫌"策略中心"案而被捕，经审讯后，被释放。次年夏天，他再度被捕，并被驱逐出境，理由是别尔嘉耶夫"已经不可能转向共产主义信仰"。从此别尔嘉耶夫开始了他后半生颠沛流离的生活。

流亡到欧洲后，别尔嘉耶夫起初侨居柏林，后又迁至巴黎的郊区，并长期定居于此。他创作的黄金期由此开始。《自由精神哲学》《论人的使命》《自我与客观化世界》《论人的奴役与自由》等一大批著作就产生于这期间。他认为《论人的使命》和《论人的奴役与自由》两书最具有特殊的意义，他的基本思想在这两本书中获得了充分的表述。

需要请读者注意的是，别尔嘉耶夫尽管有一段时间在思想上曾亲近过马克思主义，但正如他自己所言"我对马克思主义的态度是矛盾的"，"即使在马克思主义时期，我也是哲学上的唯心主义者"。在后期，他的思想与马克思主义产生了背离。这主要有两个原因，一是宗教唯心论的影响。他试图把基督教思想和马克思主义结合起来，通过个体与上帝的交会，净化人的心灵，从而达到个体人格的自由。这显然与当时苏联的正统马克思主义者格格不入。 二是他对马克思主义某些思想的异议。正如他在本书自序中所言"我坚信真理和善是作为理想价值而存在的，不依赖于阶级斗争，不依赖于社会环境，即我不同意哲学和伦理学彻底地服从阶级的革命斗争"，"卢那察尔斯基断定，如此保卫无私的真理，保卫理性和个性判断的权利的独立性，是与马克思主义相矛盾的，因为马克思主义使对真理和正义的理解服从革命的阶级斗争。普列汉诺夫也对我说，坚持我的独立的唯心主义哲学立场是不能成为马克思主义者的。"别尔嘉耶夫的这一思想的转折与其个人遭际和身处的大背景密不可分，也因此他对马克思主义的观点不可避免的有一定局限性，至于如何对待和评价本书中的观点，请诸位读者鉴别。

上海人民出版社

2019.1

如今嘲笑自由成为时髦，人们把自由当作无用的陈腐观念。我不赶时髦，我认为，没有自由，世界上什么都不存在；自由给生命以价值，即使你认为我是自由的最后一名保卫者，我也不会停止为自由的权利而呐喊。

夏多布里昂①《墓外回忆录》

---

① 夏多布里昂（1768—1848），法国作家。——译者注

代前言

——我思想中的矛盾

　　在着手写这本书的时候，我回顾一下过去，于是就有了一个愿望，向自己和他人解释我的思想和精神之路，理解我的思想在时间中表现出来的，事实上并不存在的矛盾。本书论述人的奴役与解放问题，就其中的许多部分看，本书属于社会哲学，但它表达了我的完整的哲学世界观。本书的基础是人格主义哲学。这是我对真理漫长的哲学探索的结果，是我为重估价值而进行的长期斗争的结果。在我的哲学生存里，没有仅仅去认识世界的愿望，认识的愿望总是伴随着改造世界的愿望。不但在思想上，而且在感情上，我一直否认这个给定的世界是稳定的和终极的实在。本书的思想在多大程度上忠实于我以前著作中所表达的全部思想？思想家思想的发展是在什么意义上进行的？这个发展是个连续的过程，还是其中包含着间断并经历着危机和自我否定？我的思想发展在什么意义上进行，我思想中的变化是怎么发生的？有这样的哲学家，他们一开始就建构体系，一生忠实于这个体系。还有这样的哲学家，他们在自己的哲学里所表达的是其精神斗争，在他们的思想里可以分出不同的阶段。在动荡的历史时代，在精神变革的时代，一个哲学家如果不愿意成为书斋式和本本主义的人，那么他就不能不参与精神斗争。我从来不是学院式哲学家，从来也不希望哲学是抽象和远离生活的。我一直都在读书，读了许多书，但我的思想来源不是书本。我总是把所读的书与自己所体验的经历联系在一起，我甚至从来都不能按照另外的方式理解任何一本书。其实我认为，真正的哲学永远是斗争。柏拉图、普罗提诺、笛卡尔、斯宾诺莎、康德、费希特、黑格尔的哲学都是如此。我的思想一直属于存在主义哲学。在我的思想里可以找到许多矛盾，它们是精神斗争的矛盾，生存自身的矛盾。这些矛盾不可能用表面的逻辑统一来掩盖。思想的真正统一与个性的统一相关，这是生存的统一，而不是逻辑的统一。生存是矛盾的。个性（личность）是变化中的不变性。① 这是对个性的实质定义之一。变化发生在同一个主体里。如果一个主体被另外一个主体替代，那就没有真正意义上的变化。如果变化变成了背叛，那么这样的变化将破坏个性。如果一个哲学家进行哲学思考的基本主题、思想的主要动机、价值的基本方针发生改变，那么他就是在背叛。精神自由在哪里实现以及怎样实现，对这个问题的观点是可以有变化的。但是，如果对自由的爱被对奴役和暴力的爱取代，那么，在这里就发生了背叛。观点的改变可能是事实上存在的，但也可能是事实上不存在的，那是由于人们从不正确的视角看待这些观点。我认为，人

---

① 我们把 личность 一词翻译为"个性"。尽管通行的译法是将其译为"人格"，而且也更符合"人格主义"（персонолизм）一词，但是，личность 一词并不包含"人"意思，它突出的是事物的"单一性""唯一性"。不过，我们依然按照哲学界通行的译法，把 персонолизм 一词翻译为"人格主义"。——译者注

完全是矛盾和极化的存在物（поляризованное существо）。哲学家的思想也是矛盾和极化的，如果他的思想没有完全与原初生命分离，而是与之保持联系。哲学思想是个复杂的东西，甚至在逻辑性极强和最流畅的哲学体系里也可以发现其中矛盾因素并存。这并非坏事，而是好事。思想上彻底的一元论是无法实现的，如果实现了这样的一元论，那才是件坏事。我很少相信建立哲学体系的可能性和必要性。已经建立起来的哲学体系永远也不可能是终极和完善的。黑格尔哲学的主要矛盾就在于，其中思想的进程和辩证法采取了一个完备体系的形式，就是说，辩证的发展似乎被终止了。精神进程以及精神里不断产生的矛盾的消失只能是世界的终结。在世界终结之前，矛盾不可能被消除。所以，思想必然要转向末世论前景。末世论前景给思想以相反的解释，并在世界生活内部引起矛盾和悖论。返诸自身，我想确定我的整个生命和思想的基本主题和价值的基本定位。只有这样才能理解我的思想的内在联系，其中对变化中不变的东西的忠实。我关于社会生活的意见中的基本矛盾与我身上并存的两个因素相关，一个是对个性、自由和创造的贵族式理解，另一个是按照社会主义所要求的那样，肯定每一个人、最卑微的人的尊严，保证每一个人的生命权利。这也是我对高尚的世界、对崇高的爱，与我对卑微的世界、对遭受痛苦的世界的怜悯之间的冲突。这个矛盾是永恒的。尼采和托尔斯泰与我同样地接近。我对马克思评价很高，对梅斯特尔和列昂季耶夫的评价也很高。雅·伯麦与我很接近，他是我所喜爱的思想家，但康德与我也很接近。如果平均主义的暴虐凌辱我对个性尊严的理解，凌辱我对自由和创造的爱，那么我就起来反抗它，并准备以极端的方式表达自己的反抗。当社会不平等的保卫者无耻地维护自己的特权时，当资本主义压迫劳动大众，把人变成物时，我同样起来反抗他们。在这两种情况下，我都否定当代世界的基础。

只有转向哲学家对世界的最初感受，转向他对世界的原初认识，才能解释其业已形成的世界观的内在动因。哲学认识的基础是具体的体验，它不可能依赖于概念的抽象组合、逻辑推理式的思想，这些东西只是工具。自我认识是哲学认识的主要根源之一，当我转向自我认识时，我在自身中发现了原始的和根本的东西：抵制世界的给定性；不接受任何客体性，将其看作是对人的奴役；精神自由与世界的必然性、暴力以及无差别统一的对立。我所说的这些，不是自传中的事实，而是哲学认识和哲学道路上的事实。我的哲学的内在动力一开始就是这样确定的：自由先于存在，精神先于自然，主体先于客体，个性先于普遍—共性，创造先于进化，二元论先于一元论，爱先于法律。承认个性的首要地位就意味着形而上学的不平等、差别，不同意混淆，肯定质而反对量的统治。但是，这个形而上学的质的不平等完全不是指社会和阶级的不平等。不懂得怜悯的自由将成为魔鬼的自由。人不但要上升，而且还要下降。在经历了漫长的精神和思想的探索之路后，我特别敏锐地意识到，任何人的个性，最卑微的人的个性，在自身中都携带着最高存在的形象，都不可能成为工具，无论是为了什么目的。任何个性在自身中都有一个生存中心，它不但拥有生命的权利，这个权利被当代文明所否定，而且还拥有获得生命的普遍内容的权利。这是福音书上的真理，尽管它没有获得充分的揭示。在更深刻的意义上，在质上不同和不平等的个性不仅在上帝面前是平等的，而且在社会面前也是平等的，社会无权依据特权，即依据社会地位的差别来区分个性。在无阶级的社会结构这个方向上，社会平等的含义恰好应该是揭示人们个性的不平等，揭示他们质上的差别，不是根据社会地位，而是根据实质。于是我走向了反等级人格主义（антииерархический персонолизм）。个性不可能是任何等级整体的一部分，它是个处在潜在状态的微观宇宙。于是，在我的意识里结合着两个原则，无论在世界里，还是在我自身，它们都可能处在对抗和斗争之中，这就是个性和自由的原则，怜悯、同情和正义的原则。平等原则自身没有独立意义，它服从个性的自由和尊严。放弃社会传统，放弃贵族社会的偏见和利益（我就出自这个贵族社会），我从不觉得这有什么难的。在自己的探索之路上，我是从自由出发的。同样，俄罗斯知识分子业已形成、定型和僵化的观念和情感从来没有束缚过我。我根本感觉不到自己属于这个知识分子圈子，实际上我不属于任何圈子。此外，我厌恶资产阶级，不喜欢国家，我还有无政府主义倾向，尽管这是特殊类型的无政府主义。不需要以对世界的爱为出发点，而应该以精神自由与世界之间的对立为出发点。但是，从精神自由出发并不意味着从空白出发，从虚无出发。理念世界有精神内容，要理解哲学家的探索之路，必须谈理念世界。首先要谈哲学理念的世界。

如果从柏拉图主义或者黑格尔和谢林哲学的观点出发，那么就不能理解我的哲学世界观的本原，首先无法理解我的核心观念，即与生存和自由对立的客体化观念。柏拉图和普罗提诺，黑格尔和谢林对俄罗斯宗教哲学而言有重大意义。但是我的哲学有另外的根源。从康德和叔本华出发，比从黑格尔和谢林出发更容易理解我的思想。康德和叔本华在我的哲学探索之路的最开始确实具有重大意义。我不是学院派哲学家，不曾属于任何学派，现在亦然。叔本华是我深刻理解的第一位哲学家。我开始阅读哲学著作时还是个小男孩。尽管年轻时我曾接近康德主义，但从来没有或多或少在整体上赞同康德的哲学，对叔本华的哲学也一样。我甚至同康德进行过斗争。但他们的一些决定性思想以这样或那样的形式在我的整个哲学探索之路上一直存在。康德的二元论，他对自由王国和自然王国的区分，他的具有理性认识特征的自由学说及其唯意志论，他对现象世界的看法，现象世界区别于他不成功地称之为物自体的真正世界，所有这些思想都很合我的意。叔本华对意志和表象的区分，他关于意志在自然界中客体化的学说，这个客体化所建立的不是真正的世界，以及他的非理性主义，都合我的意。下面就是分歧了。康德关闭了认识有别于现象世界的真正生存世界的途径，在他的哲学里几乎完全缺乏精神范畴。叔本华的反人格主义同样与我格格不入，我敌视他的反人格主义。与我完全格格不入的还有费希特、谢林和黑格尔的一元论、进化论和乐观主义，他们对精神、普遍的"我"、理性在世界和历史过程中的客体化的理解，特别是黑格尔关于精神的自我展开的学说，关于世界过程向自由发展的学说，关于神的形成的学说。康德的二元论和叔本华的悲观主义更接近真理。关于纯哲学理念也应该这样说。[①]更重要的也许是理解，在我对周围社会现实的态度上，在对周围世界的道德评价中，我是从哪里获得原动力的。在青少年时代的最初几年，当我几乎还是个小男孩的时候，我从托尔斯泰那里获得过非常多的东西，向他学习了许多。我很早就有一个信念：文明的基础是谎言，在历史中有原罪，整个周围社会都建立在谎言和不公正的基础上。这个信念就与托尔斯泰有关。我从来也

---

① 即纯哲学理念与作者格格不入。这里"纯哲学理念"的原文是 чисто философские идеи，意思是纯粹的哲学理念，这里的"纯"是副词，修饰哲学理念。纯粹的哲学理念是指摆脱了任何其他东西（如宗教因素、情感因素等）的哲学理念，即抽象的、与现实无关的哲学理念。——译者注

不是托尔斯泰学说的信徒，甚至不太喜欢托尔斯泰主义者，但托尔斯泰起来反抗历史上的假伟大、假神圣，反抗人们在所有社会关系中的虚伪，这些却渗透了我的整个身心。即使现在，在经历了漫长的探索之路后，我还能从自己身上辨认出这些对历史和社会现实的原初评价，能辨认出这种自由，即我摆脱了强迫性的社会传统，摆脱了思想健全的人的那些道德偏见，还能辨认出对暴力、"右派"和"左派"的反感。我把这看作是我身上精神的革命性，它可以产生对周围环境的各种反应。后来，在大学期间，在对社会现实的态度里，我受到马克思的影响。同时，我对社会问题的态度已经很具体化了。我永远也不能成为某种"正统思想"的拥护者，我总是同"正统思想"进行斗争。我也从来不是"正统的马克思主义者"，从来不是唯物主义者，即使在马克思主义时期，我也是哲学上的唯心主义者。在社会问题上，我曾企图把自己的唯心主义哲学同马克思主义结合起来。就连我的社会主义，实质上也是按照唯心主义的方式进行论证的，尽管我承认历史的唯物主义中的许多原理。相当一部分革命的马克思主义者们精神文化的低劣令我十分痛苦。我并没有觉得这个环境与我有亲近感。在我流放到北方的那几年里，我对这一点体验得特别强烈。我对马克思主义的态度是矛盾的，我永远也不能接受"极权的马克思主义"。青年时期，在马克思主义小组里，我经常和更加极权类型的"马克思主义者"进行争论，在这些争论中，我立刻就发现一个在今天也是十分现实的论题。在围绕纪德及其关于苏联的两本书而展开的争论中我也看到了这个论题。① 我很愿意回忆我同青年时期马克思主义小组的同事卢那察尔斯基的争论。但当他

---

① 纪德（1869—1951），法国作家。这里指的两本书是《从苏联返回》（1936）和《对从苏联返回的修改》（1937）。——译者注

成为人民教育委员会委员后，我就不再同他争论了，并努力永远不再见他。在这些争论中，我是个严厉的辩手，我坚持真理和善是作为理想价值而存在的，不依赖于阶级斗争，不依赖于社会环境，即我不同意哲学和伦理学彻底地服从阶级的革命斗争。我相信真理和正义的存在，它们决定了我对待社会现实的革命态度，但它们不受社会现实所决定。卢那察尔斯基断定，如此保卫无私的真理，保卫理性和个性判断的权利的独立性，是与马克思主义相矛盾的，因为马克思主义使对真理和正义的理解服从革命的阶级斗争。普列汉诺夫也对我说，坚持我的独立的唯心主义哲学立场是不能成为马克思主义者的。现代知识分子（intellectuals）面临的也是这个问题，他们同情共产主义的社会真理。纪德在谈论苏维埃俄罗斯时说出了自己所发现的真理，但人们否认他有这个权利，因为真理不能向个体的人显现，他不应该坚持自己的真理，因为真理是革命的无产阶级斗争的产物，并为无产阶级的胜利服务。于是，与最清楚的事实相关的真理，如果它对无产阶级革命的胜利有害，那么它将成为谎言，而谎言可以成为无产阶级斗争的必要的辩证因素。我曾一直以为，现在也这样以为，真理不为任何事物和任何人服务，相反，一切都应该服务于真理。应该坚持真理，说真话，哪怕这样做对斗争是不合适和有害的。在现代世界里，人们在改变对待真理的态度方面走得太远了。有的共产主义者和法西斯主义者同样都断定，只有集体才知道真理，真理只在集体的斗争中显现。个人则不能知道真理，也不能坚持真理而反抗集体。还在我信仰马克思主义的青年时代我就觉察到这一点的萌芽形式。于是，我就开始反对马克思主义的这个方面，维护人格主义，尽管我仍然认为马克思主义的社会要求是合理的。

接触易卜生和尼采的思想对那些年在我身上所发生的精神斗争具有重大意义。在他们身上有另外意义上的动机在起作用，这些动机不同于和马克思、康德相关的动机。起初，对我而言，易卜生比尼采的意义还要大。即使是现在重读易卜生的戏剧，我依然无法抑制地激动不已。我的许多道德评价与易卜生接近，他把个性与集体尖锐地对立起来。此前我在陀思妥耶夫斯基那里就看到了个性和个性命运问题的深度，我从童年时起就喜欢陀思妥耶夫斯基。在马克思主义里，以及在左派俄罗斯知识分子的情绪里我都没有发现对这个问题的认识。我阅读尼采的著作时，他的思想在俄罗斯文化圈子里还未开始流行。尼采与我本性中的一极接近，与另一极接近的是托尔斯泰。甚至有这样一个时期，尼采战胜了我身上的托尔斯泰和马克思，但是这个胜利从来不是彻底的。尼采对价值的重估，对理性主义和道德主义的厌恶，深深地进入我的精神斗争之中，仿佛成了暗中活动的力量。但是在真理问题上，我和尼采发生了冲突，和马克思亦然。不管怎么说，我的人格主义在不断地加强和尖锐化，我对基督教的态度就与这个人格主义相关。

心理反应在人的生活里发挥着巨大的作用。人很难在同一个时刻容纳完满，而且也没有能力把包含在他身上的那些原则归于和谐和完全统一，这些原则可能是相互对立和相互排斥的。对我而言，这总是意味着爱和自由的冲突，个性的独立性及其创造使命和社会过程的冲突，社会过程压制个性，把它当作手段。自由和爱的冲突，与自由和使命、自由和命运的冲突一样，是人生中最深刻的冲突之一。在生命的一开始，我就起来反抗贵族社会，并走向革命知识分子阵营，这时在我身上出现了对社会环境的第一次强烈反抗。但是，我痛苦地发现，在这个阵营里也没有对个性尊严的尊重，而且对人民的解放经常与对人及其良心的奴役掺和在一起。我很早就看到这个解放过程的结果。革命者不爱精神自由，他们否定人的创造权利。第一次小规模的革命[①]，曾经在我身上引发了内在心理上和道德上的反抗。这个反抗不是针对政治和社会解放的因素，在这次革命中包含这些因素，而是针对这次革命的精神面貌，针对它给人带来的道德上的后果，我认为这些后果是丑陋的。我很熟悉当时的环境。我把批判左派革命知识分子的传统精神类型当作自己的任务。同时，和本来意义上的革命知识分子相比，我对左派极端知识分子的排斥更为强烈，我甚至与革命知识分子之间还保留着一定的个人联系。我在 1907 年写过一篇文章，在那里我预言了革命运动中布尔什维克胜利的必然性。[②] 在这些年里，对我的精神生活而言具有重大意义的是我对陀思妥耶夫斯基关于宗教大法官传说的深入研究。甚至可以说，在成为基督徒以后，我接受了宗教大法官传说中的基督形象，我皈依了这个基督，而且在基督教自身里，我反对一切可以归结为宗教大法官精神的东西。在左派和右派里，在专横的宗教和国家里，在独断的革命社会主义里，我都看到了宗教大法官的这个精神。人的问题，自由问题，创造问题，都是我的哲学的基本问题。《创造的意义》一书是我的"狂飙突进"，我的独立的哲学世界观在其中获得了表达。还应该指出和雅·伯麦思想的接触对我所产生的意义，我从他那里获得了精神上的嫁接。其实，我位于当时存在的宗教—哲学和社会—政治的阵营之外。我觉得 20 世纪初占主导地位的思想流派与我内在地格格不入。当时我体验到的是对政界、文艺界和宗

---

① 指 1905 年在俄罗斯发生的革命。——译者注
② 此处指他的文章《俄罗斯知识分子心理简论》，载 1907 年 10 月 27 日《莫斯科周刊》，后被他收入自己的文集《知识分子的精神危机》(圣彼得堡，1910 年；莫斯科，1998 年)。——译者注

教—东正教界的精神上的反抗。我不能把自己完全归到任何地方去，因此感觉自己十分孤独。孤独问题一直是我的基本主题。但由于我性格的积极性和好斗性，我总是涉足许多领域，这让我痛苦、令我失望。针对第二次大规模的俄罗斯革命①，我也体验到强烈的内在反抗。我认为这次革命是不可避免的和公正的，但其精神面貌从一开始就令我反感。革命的粗俗表现形式，它对精神自由的侵害，与我对个性的贵族式理解以及我对精神自由的崇拜相矛盾。我不接受布尔什维克革命，与其说是在社会方面，不如说是在精神上。关于这一点我表达得过分情绪化，常常是不公正的。②在这次革命中我看到的还是宗教大法官的胜利。同时，我也不相信对当时社会状态作任何修复的可能性，完全不指望这些修复。我被驱逐出苏维埃俄罗斯正是因为我的精神自由的反抗。但在西欧我又体验到了心理上的反抗，而且是双重的，我反抗俄罗斯的侨民，我还反抗欧洲的资产阶级—资本主义社会。在俄罗斯侨民里，我发现了和在共产主义俄罗斯一样的对自由的厌恶和否定。但与俄罗斯革命时期相比，在俄罗斯侨民中这种对自由的厌恶和否定是可以解释的，却是更少能被证明的。无论什么样的革命从来都不喜欢自由，因为革命具有另外的使命。在革命中涌现出新的社会阶层，这些阶层的积极性以前受到限制，它们曾受压迫，因此，在为自己在社会中的新地位斗争时它们不能表现出热爱自由，也不可能爱惜地对待精神价值。那些自认为属于文化阶层，并自诩是精神文化保护者的人们不喜欢自由和精神创造，这是令人最不能理解的，也是最不合理的。在西欧，我清楚地看到，反共产主义阵线在很大程度上是由资产阶级—资本主

①　指 1917 年在俄罗斯发生的革命。——译者注
②　主要是指别尔嘉耶夫的《不平等的哲学：给社会哲学方面敌人的信》(柏林，1923)，书中的观点比较激进，后来，他自己对这些观点评价不高。——译者注

义的利益驱动的，或者带有法西斯主义的特征。在社会哲学领域里，我的思想能够自圆其说。在这里，我回到了青年时期就开始信奉的社会主义的那个真理，但我所依据的却是我一生中坚持的观念和信仰。我称其为人格主义的社会主义，它完全有别于以社会先于个性为基础的，占主导地位的社会主义形而上学。人格主义社会主义的出发点是个性先于社会。但这只是人格主义在社会方面的投影，我越来越坚信人格主义。

最近这十年我彻底地根除了历史浪漫主义最后的遗迹，这个浪漫主义与对待宗教和政治的美学化态度相关，与对历史的伟大和力量的理想化相关。这个历史浪漫主义在我身上从来都不深刻，从来也没有成为真正属于我自己的东西。我又感觉到托尔斯泰对待历史价值中虚假浪漫主义精神的态度方面的原初真理。人的价值，人的个性的价值高于强大国家和民族的历史价值，高于昌盛的文明的价值，等等。和我们的赫尔岑、列昂季耶夫一样，和西方的尼采、列昂·布鲁阿一样，我也深刻地预感到即将到来的小市民王国，预感到资产阶级性，不但是资本主义文明的资产阶级性，而且还有社会文明的资产阶级性。然而，现在我认为，关于小市民王国到来的一般浪漫主义的证据是虚假的。我深深地理解了，精神在世界里的任何形式的客体化都是小市民王国。有一种观点认为，社会公正将转变为小市民习气，但是，不能以此为依据保卫社会不公正。这是列昂季耶夫的证据。还有一种观点认为，在不解决劳动人民面包问题的情况下，在大众受压迫的情况下，文化却可以是很出色的，但是，不能以此为依据拒绝解决劳动人民的面包问题。对基督徒来说这更是不可能的。我十分厌恶对历史上"有机的东西"的理想化。在《创造的意义》里我批判有机论观点。我认为，对文化精英阶层的理想化也是错误的。文化精英阶层的自满和自傲是一种利己主义，是清高的自我封闭，是缺乏对自己服务使命的意识。我相信个性的真正贵族主义，相信天才和伟人的存在，他们总是意识到自己服务的义务，总是感觉到不但要上升，而且还要下降的必要性。但我不相信集体的贵族主义，不相信以社会选择为基础的贵族主义。有些人自认为属于精英阶层，因此就藐视人民大众，再没有比这样的藐视更令人厌恶的了。精英阶层甚至可能就是形而上学意义上的"庶民"，特别是资产阶级的精英阶层更是如此。有人说，基督教关于上帝国的观念以及基督教末世论意识同对历史圣物的偶像崇拜之间是不可融合的。必须揭露这种说法。这些圣物有保守主义——传统的圣物、权威的圣物、君主制度的圣物、民族的圣物、家庭——私有制的圣物，还包括革命的圣物、民主的圣物、社会主义的圣物。光确定否定主义和否定神学的真理是不够的，还应确定否定的社会学的真理。肯定的社会学，而且是在宗教上获得论证的社会学，也是人的奴役的根源。这本书研究的是同人的奴役所进行的斗争。书中的哲学思想是有意识地个性化的，其中关于人，关于世界，关于上帝所谈论的东西，只是我看到和体验到的东西，书中进行哲学思考的是具体的人，而不是世界理性或世界精神。为了解释我的思想探索之路，还应该说明，对我而言，世界永远是新的，我仿佛是在原初直觉中理解世界，哪怕是我早已经认识到的真理，我也这样理解它。那些想要在我的书中看到关于社会问题的实际纲领和具体解决方案的人，他们不能正确地理解我的书。这是本哲学著作，它首先以精神上的变革为前提。

1939 年，巴黎克拉马尔

第一章

我不说，但**我**在做。

你们要成为创造者。

——尼采《查拉图斯特拉如是说》

第一节　个性

一

人是世界上的一个谜，也许是最大的谜。人是谜，不因为他是动物，不因为他是社会存在物，也不因为他是自然界和社会的一部分，而是因为他是个性（личность），而且只因为他是个性。与人的个性相比，与人的唯一面孔（лицо）相比，与人的唯一命运相比，整个世界都是虚无。人在体验着濒死的状态，因此人渴望知道他是谁，从哪里来，到哪里去。早在古希腊时代，人就想认识自己，在这里，人看到了存在的谜底，看到了哲学认识的根源。人认识自己，可以从上，也可以从下，可以从自己的光明出发，即从自身所包含的神的原则出发，也可以从自己的黑暗出发，即从自身所包含的自然—潜意识的和魔鬼的原则出发。人可以这样认识自己，是因为他是一个双重和矛盾的存在物，是高度两极化的存在物，他既类上帝也类野兽，既高尚也卑贱，既有自由又有奴性，既有能力上升也有能力下降，既能实践伟大的爱和牺牲，也能实践极端的残酷和无限的利己主义。陀思妥耶夫斯基、克尔凯郭尔和尼采十分敏锐地发现了人身上的悲剧原则以及人本质的矛盾性。以前，帕斯卡尔对人的这个双重性表达得比其他人都好。其他人从下看人，他们发现了人身上低级的自然原则，以及人堕落的痕迹。作为堕落的、被自然力量所决定的存在物，人完全受经济利益、潜意识的性欲和各种关切所驱动。陀思妥耶夫斯基所揭示的人对痛苦和苦难的需求，克尔凯郭尔所揭示的人的恐惧和绝望，尼采所揭示的人对强力的意志和人的残忍性，也都证明人是堕落的存在物，但这个存在物为自己的堕落而痛苦，并希望克服堕落。正是人身上个性的意识表明了人的最高本质和最高使命。如果人不是个性，哪怕是没有被显现出来或是被压迫的个性，哪怕是染上疾病的个性，哪怕只是存在于潜在和可能性之中的个性，那么人就和世界上其他事物一样了，在他身上就不会有任何非凡的东西。人身上的个性证明，世界不是自足的，世界可以被克服和超越。个性与世界上的任何东西都不相像，不能与任何东西并列和比较。当个性进入世界，当然是唯一和不可重复的个性，那么，世界过程就会中断，不得不改变自己的进程，尽管这一点难以觉察。个性不能被包含在世界生命的不间断和连续的过程之中，个性也不可能是世界进化的一个时刻或一个因素。个性的存在要求中断，这个存在不能用任何连续性来解释。仅仅作为生物学和社会学所理解的人，作为自然和社会存在物的人，是世界和在世界上发生的过程的产物。但是，个性，作为个性的人，不是世界的产物，它有另外的来源。这一点使人成为一个谜。个性是这个世界的突破和中断，是新事物的出现。个性不是自然，它不属于客观的自然等级，不是这个等级中的一个并列从属的部分。因此，正如我们将看到的，等级人格主义是错误的。人是个性，这不是就自然界而说的，而是就精神而言的。从自然界方面说，人只是个体。个性不是包含在单子等级之中并服从这个等级的一个单子。个性是微观宇宙，是完整的宇宙。只有个性才能包容普遍的内容，成为个体形式的潜在的宇宙。这个普遍内容是自然界或历史世界中任何其他现实都不能获得的，因为其他现实永远都是部分。**个性不是部分，也不可能成为相对于任何整体的部分，哪怕是相对于巨大的整体，哪怕是相对于整个世界**。这就是个性的实质性原则，是个性的秘密。经验的人作为部分而进入某个社会或自然界的整体之中，因此他这样做不是以个性的身份，其个性处在部分对整体的这个服从关系之外。在莱布尼茨和雷诺维叶那里[①]，单子是包含在复杂组织中的简单实体。单子是封闭的和关闭着的，没有窗户和门。无限向个性敞开，个性进入无限之中，并允许无限进入自身之中，个性在自我展开过程中面向无限的内容。同时，个性还要求形式和界限，因为它不与周围世界混淆，也不消融在世界之中。个性是在个体上不可重复的形式上的宇宙。个性是普遍—无限和个体—特殊的结合。个性存在的表面的矛盾就在这里。人身上个性的东西正是其中与其他人没有共性的东西，在这个非共性之中包含着普遍的潜力。把人的个性理

---

① 雷诺维叶（1815—1903），法国哲学家。——译者注

解为微观宇宙，和对个性的有机—等级的理解对立，后一种理解把人变成整体、一般和普遍的从属部分。但是，个性不是宇宙的部分，宇宙是个性的部分，是个性的质。这就是人格主义的悖论。不能把个性思考成实体，这将是对个性的自然主义理解。个性不能被理解为客体，理解为与世界其他客体并列的一个客体，理解为世界的部分。人类学各学科、生物学、心理学和社会学都企图这样认识人。这样只能部分地认识人，而不能认识作为个性、作为世界生存中心的人的秘密。个性只能作为主体，在无限的主观性中被认识，在这里隐藏着生存的秘密。

个性是变化中不变的东西，是多样性中的统一。如果人身上有不变的东西，但没有变化，以及如果有变化而没有不变的东西；如果有统一而没有多样性，以及有多样性而没有统一，同样都令我们感到不愉快。无论在哪种情况下，个性的重要特质都遭到破坏。个性不是僵化的状态，个性在展现着、发展着、丰富着，但个性是同一个永存主体的发展，个性就是这个主体之名。变化自身是为了保存这个不变的东西，永存的东西，如普林正确地指出的那样。① 无论如何，个性不是现成的给定，它是任务，是人的理想。个性完善的统一和完整性是人的理想。个性在自我塑造着。任何一个人关于自己都不能说，他是完全的个性。个性是价值和评价的范畴。在这里我们遇到个性生存的基本悖论。个性应该塑造自己，用普遍的内容丰富和填充自己，在自己的整个一生中达到完满中的统一。但个性为此应该先存在。其使命是塑造自己的那个主体应该一开始就存在。个性在路的开端，同时，个性只能在路的终结。个性不是由部分组

---

① 普林，生卒年不详，法国神职人员、神学家、神秘主义者。——译者注

成，不是集合体，不是组合物，它是原初的整体。个性的成长，个性的实现，完全不意味着是由部分构成整体，而是意味着作为整体的个性的创造性行为，这个整体不是从任何东西里导出的，也不是由任何东西组合起来的。个性的形象是完整的，这个形象完整地存在于个性的所有行为之中。个性有唯一的和不可重复的形象，格式塔（Gestalt）。所谓的格式塔心理学（Gestaltpsychologie）发现了原初的质的整体性和形式，与心理学其他流派相比，它对人格主义更有利。个性形象的瓦解自身还不意味着个性的彻底消失。个性是不能被消灭的。个性在创造自己，它能在超越自己的存在中找到力量的源泉，以实现自己的命运。个性既潜在又普遍，但必然是可辨认的、不可重复和不可代替的存在物，它有自己唯一的形象。个性是例外，而不是规则。个性生存的秘密在于它的绝对不可替代性，在于它的一次性和唯一性，在于它的不可比性。一切个体的东西都是不能替代的。如果您爱着一个个体存在物，永远地认识了它身上的个性形象，那么若用另外一个存在物替代它，在这个替代中就有一种卑鄙。这个不可替代性不但适用于人，而且也适用于动物。一个个性可能与其他个性有相似的特征，这些相似的特征使得对个性的比较成为可能。然而，这些相似的特征并不能触及个性的本质，正是这本质使个性成为个性，不是成为一般的个性，而是这个个性。在每一个人的个性中都有一般和普遍，不是内在的普遍，内在的普遍性就是创造性地获得生命的质的内容，而是外在的、附加的普遍性。个性，这个具体的个性的存在，是因为自己的非共性的表现，不是因为和所有他人一样，有两只眼睛，而是因为这两只眼睛的非共性的表现。在人的个性中有许多类的、属于人类的因素，有许多历史的、传统的、社会的、阶级和家庭的因素，有许多遗传和模仿的因素，许多"共性"的因素。但是，这一切正是个性中非"个性"的东西。"个性的东西"是独特的，与本原相关，是本真的。个性应该实现独特的、本真的、创造的行为，只有这一点才能使个性成为个性，只有这一点才构成个性唯一的价值。个性应该是例外，任何规律都不适合于个性。一切类和遗传的因素都只能是个性用来进行积极创造的质料。自然界和社会、历史和文明规范强加给人的一切负担都是给我们制造的困难，需要抵抗这种困难，需要将其创造性地转化成个性的东西，转化成唯一个性的东西。集体的、阶层的、职业的、类型的人能够成为鲜明的个体，但是不能成为鲜明的个性。人身上的个性是对社会组织的决定性的胜利。个性不是实体，而是行为，是创造的行为。一切行为都是创造行为，非创造的行为就是消极性。个性是积极性，是抵抗，是对世界负担的胜利，是自由对世界奴役的胜利。害怕努力是个性实现的敌人。个性就是努力和斗争，是掌握自己和世界，是对奴役的胜利，是解放。个性是理性的存在物，但个性不受理性决定，也不能把个性定义为理性的载体。理性自身不是个性的，而是普遍的、一般的和无个性的。在康德那里，人的道德—理性本质是非个性的，是一般的本质。希腊人把人理解为理性的存在物，这个理解也不适合于人格主义哲学。个性不但是理性的存在物，而且还是自由的存在物。个性是我的完整思维、我的完整意志、我的完整感觉、我的完整的创造行为。希腊哲学中的理性、德国唯心主义中的理性，都是无个性的理性，是普遍的理性。但还有我个人的理性，特别是我个人的意志。人格主义不可能建立在唯心主义（柏拉图的或德国的）基础上，也不能建立在自然主义、进化论哲学或生命哲学的基础上，因为这类哲学把个性溶化在无个性的、宇宙的生命过程之中。马克斯·舍勒正确地在个性和有机体之间，在精神存在物和生命存在物之间进行了区分。

二

　　个性不是生物学或心理学范畴，而是伦理学和精神上的范畴。个性不可能与灵魂等同。个性有自发—无意识的基础。人在潜意识里会陷入原始生命波涛汹涌的海洋，他只能部分地被理性化。必须在人身上区分出深层的"我"和表面的"我"。人常常以自己表面的"我"面向他人和社会，这个表面的"我"善于沟通（сообщение），而不善于交往（общение）。托尔斯泰很好地理解了这一点，他总在描绘人的双重生活，一种是外在相对的、被谎言充满的不真实生活，人靠它来面对社会、国家和文明；另一种是内在的真实生活，人在其中面对原初现实，面对生命的深处。当安得烈公爵 ① 仰望星空时，这是一种比他在彼得堡沙龙里高谈阔论时更真实的生活。人的表面的"我"被过分地社会化、理性化和文明化了，它不是人身上的个性，它甚至可能是对人的形象的歪曲，是对个性的掩盖。人的个性可能遭到压制，人可能有多副面孔，人的形象也可能是不可琢磨的。人常在生活中扮演角色，也可能扮演的不是自己的角色。在原始人和有心理疾病的人那里，个性的分裂是极其惊人的。在一个中等正常的文明人那里，个性的分裂获得了另外的特征，个性的双重性获得了符合文明条件的规范化特征。这种双重性由作为一种自我保护的谎言的必要性引起。对野蛮人的社会驯化和文明化具有积极的意义，但这并不意味着个性的形成。完全社会化和文明化的人可能是个根本无个性的人，可能是奴隶，但他也许觉察不到这一点。个性不是社会的一部分，也不是类的一部分。人的问题，即个性问题比

---

　　① 托尔斯泰《战争与和平》中的主人公。——译者注

社会问题更重要。所有关于人的社会学学说都是错误的，它们只知道人身上表面的客体化层次。只有从外部，从社会学的观点看，个性才是社会的一个服从的部分，而且与社会的巨大躯体相比是很小的一部分。能够建立关于人——个性的真正学说的只有存在主义哲学，而不是社会哲学，也不是生物哲学。个性是主体，而不是客体中的一个客体。个性根植于生存的内部，即根植于精神世界、自由的世界。社会则是客体。从存在主义观点看，社会是个性的一部分，是个性的社会方面，这正如宇宙是个性的一部分，是个性的宇宙方面一样。个性不是客体中的一个客体，不是事物中的一个事物。个性是主体中的一个主体，把个性变成客体和事物就意味着死亡。客体总是恶的，只有主体才可能是善的。甚至可以说，社会和自然界为个性的积极形式提供质料。但个性不依赖于自然界，不依赖于社会和国家。个性抵抗任何来自外部的决定，个性是从自己内部出发的决定。个性甚至不可能被上帝从内部决定。个性与上帝之间的关系不是因果关系，这个关系处在决定论王国之外，而在自由王国之内。上帝对个性而言不是客体。上帝是主体，与他发生的关系是生存关系。个性是绝对的生存中心。个性从内部，在一切客观性之外决定自己，只有从内部的被决定性，从自由出发的被决定性才是个性。一切从外部被决定的东西，一切被决定的东西，一切建立在客观性统治基础上的东西，都是人身上非个性和无个性的东西。在人的"我"里被决定的一切都是过去的东西，已经成为无个性的东西了。但个性是未来的生成，是创造行为。客体化就是无个性，是把人抛向被决定的世界之中。个性的生存以自由为前提。自由的秘密就是个性的秘密。这个自由不是学院意义上的意志自由和选择自由，后者是以理性化为前提的。尊严就是人身上的个性。只有个性才拥有尊严。尊严就是摆脱奴役，也是摆脱对宗教生命和人与上帝关系的奴性理解。上帝就是个性自由的保证，是人摆脱自然界和社会、恺撒王国、客体世界的力量奴役的保证。这一情况只能发生在精神王国里，而不是在客体的王国里。客体世界里的任何范畴都不适合于这些内在的生存关系。客体世界里的任何东西都不是真正生存的中心。

作为生存中心的个性要求能够感受痛苦和喜悦的感官。客体世界中的任何东西都没有这个感官：无论是民族、国家、社会、社会建制，还是教会。人们是在另外的意义上谈论民族痛苦的。客体世界中的任何共性都不能被认为是个性。集体实在是实在的价值，但不是实在的个性，集体实在的存在性则是针对个性实在。可以假定集体灵魂的存在，但不能假定集体个性的存在。集体个性或"交响乐式的"个性概念是个矛盾的概念。我们还会回到这个问题上来。确实，我们喜欢把自己喜爱和怜悯的一切都实在化，如无生机的客体和抽象观念等。这就是神话创造过程，没有这个过程，就没有生命的紧张，但这个过程并不标志着个性的实际给定性。个性不但有能力体验痛苦，而且在一定意义上个性就是痛苦。为个性而进行的斗争，对个性的肯定，都是病态的事情。个性的自我实现以抵抗为前提，要求同世界的奴役统治进行斗争，不与世界混同。放弃个性，同意融入周围世界，都可以减轻痛苦，而且人很容易这样做。同意奴役可以减轻痛苦，不同意奴役则增加痛苦。人世间的痛苦是个性的产物，是个性为自己的形象而进行斗争的产物。动物界的个体已经可以感受痛苦。自由产生痛苦。拒绝自由可以减轻痛苦。尊严，即个性，即自由，它要求同意遭受痛苦，要求有能力体验痛苦。凌辱我的民族或损害我的信仰都会引起我的痛苦，而不是引起民族的痛苦，也不是引起宗教集体的痛苦，因为它们不拥有生存中心，所以它们不拥有感受痛苦的感官。体验痛苦的能力是每一个活生生的存在物都具有的，特别是人，还有动物，也许还有植物，只是按照其他的方式体验痛苦，但这种能力不属于集体实在，也不属于观念价值。这是一个根本性的问题，它决定着人格主义伦理学。最高价值是人和人的个性，而不是共性，不是属于客体世界的集体实在，如社会、民族、国家、文明和教会。这是人格主义的价值取向。关于这一点我们还要多次重复。个性与记忆和忠诚相关，还与人的统一命运以及统一的生平经历相关。所以，个性的生存是病态的。在基督教里，对待人的态度总是矛盾的。一方面，基督教似乎贬低人，承认人是罪恶和堕落的存在物，是应该谦卑和顺从的存在物。人们不能原谅基督教的就是这一点。但是，另一方面，基督教非同一般地抬高人，承认人是上帝的形象和样式，承认人身上的精神原则，该原则使人超越于自然和社会，承认人身上的精神自由。基督教不依赖于恺撒的王国，它相信上帝自己成了人，并以此使人升入天堂。只有在基督教的这个基础上才能建立个性的学说，才能实行人格主义的价值重估。人格主义哲学应该承认，精神不是使人一般化，而是使人个体化，它不建立观念的、在人之外的和一般的价值世界，而是建立带有质的内容的个性世界，并塑造个性。精神原则的胜利并不意味着人服从普遍，而是在个性中揭示普遍。如果认为自己被赋予理性、天赋、美、平安、圣洁等最高的普遍的质，但却在自身中转移了生存的中心，把"我"的重心转移到普遍的质的原则上去，那么，这样做与下面的做法没有什么区别，即这个"我"把自己的这些质赋予另外一个存在物，并把这个存在物当作拥有这些质的存在物。于是，主体和生平经历的统一将消失，记忆不再保存个性。

这就是唯心主义的价值哲学和观念存在的哲学的谎言。

三

　　人是克服和超越自己的存在物，在人身上实现的个性就是不断的超越。人企图走出封闭的主观性，这种走出总是在两个不同的，甚至是对立的路径上发生。一条路是通过客体化走出主观性，这个出路通向社会及其人人都应遵守的形式，这是人人都应该遵守的科学之路。在这条路上将发生人的本质的异化，人的本质被抛向客体世界，个性找不到自己。另外一条路是通过超越走出主观性。超越是向**超主体的**世界过渡，但不是向客体世界过渡。这条路位于人的生存深处，在这条路上发生的是与上帝，与他者，与世界内在生存的存在意义上的相遇，这不是客观沟通之路，而是生存交往之路。只有在这条路上，个性才能完全实现自己。明白这一点对理解个性与超个性价值之间的关系十分重要，后面将要谈到这些关系。个性与超个性价值之间的联系或者在客体化王国里实现，这样很容易产生人的奴役，或者在生存的王国，在超越中实现，这样将产生自由中的生命。客体化永远也不是超越，以为这里发生了超越，这是错误的想法。在客体化里，人处在决定论的控制之下，处在无个性的王国里；在超越中，人处在自由的王国里，而且，人与超越自己的东西相遇带有个性的特征，这个超个性的东西也不压制个性。这是一个基本的区别。对个性而言十分有特色的是，它不可能是自我满足和自给自足的，他者对于它的生存是必须的，这个他者或者是比它高，或者是与之平等，或者是比它低，没有这个他者就不能有对差别的意识。我重复一下已经说过的东西：个性与他者，与最高他者的关系，永远也不是部分与整体的关系。个性始终是整体，就是在个性与最高他者的关系上，个性也不能被包含在任何东西之中。部分与整体的关系是数学关系，如同器官与有机体的关系是生物学关系一样。这种关系属于客体化世界，在这个世界里人将变成部分和器官。但是，个性和他者，和最高他者的生存关系与这种（部分与整体）关系没有任何共同之处。超越不意味着个性服从某个整体，作为组成部分而进入某个集体实在，不意味着个性像对待主人那样对待他者，对待最高的存在物。超越是积极和动态的过程，是人的内在体验。在这里，人体验灾难，跨越深渊，感受自己生存里的中断，但他不是在外化，而是在内化。只有对超越进行错误的客体化，把超越向外抛，才能造成一种超验的错觉，这种超验的东西在压制和统治个性。在生存的意义上，超越是自由，并要求自由，使人摆脱自己的奴役。但这个自由不是轻松，而是困难，自由经历着悲剧性的矛盾。

个性问题是与学院式的灵魂和肉体关系问题完全不同的另外一种意义上的问题。个性根本不是与肉体相区别的灵魂，肉体把人与自然界的生命连接在一起。个性是人的完整形象，在这个完整形象里，精神原则控制着人的灵魂和肉体的全部力量。个性的统一是由精神塑造的。但肉体也属于人的形象。从笛卡尔开始的精神与肉体的古老二元论完全是错误的和过时的。这样的二元论是不存在的。其实，灵魂生命渗透在整个肉体生命之中，肉体生命也作用于灵魂生命。在人身上有灵魂和肉体的活生生的统一。二元论不在灵魂和肉体之间，而是在精神和自然之间，自由和必然之间。个性是精神对自然的胜利，是自由对必然的胜利。人的肉体形式已经是精神对自然混沌的胜利。浪漫主义时代的心理学家和人类学家卡鲁斯 [①] 的

---

① 卡鲁斯（1789—1869），德国生物学家、医生、心理学家和哲学家。——译者注

思想比其他许多被认为是科学的学说都更正确。他说，灵魂不在大脑里，而在肉体的形式里。在他之后坚持这个观点的是克拉格斯[①]。肉体的形式根本不是物质，根本不是物理世界的现象，肉体的形式不但具有灵魂的特征，而且还具有精神的特征。人的脸是宇宙过程的顶峰，是宇宙过程的最高产物。但是，人的脸不可能仅仅是宇宙力量的产物，它还需要有精神力量的作用，这个精神的力量超越自然力量的循环。人的脸是世界生命中最了不起的东西，另外一个世界就是通过它而显现的。人的脸标志着个性及其唯一性、一次性和不可重复性进入世界过程之中。通过人的脸我们所认识的不是人的肉体生命，而是人的灵魂生命。我们对灵魂生命比对肉体生命了解得更好。肉体的形式是精神—灵魂的形式。个性的完整性就在这里。在 19 世纪的人的意识里，肉体的形式被忽视。当时有肉体生理学，但没有人注意肉体的形式，人们想掩盖肉体的形式。这里也体现出基督教对待肉体的苦修主义态度，只不过这个态度是不彻底的，因为肉体的功能根本没有被否定。如果说肉体的功能是生理学上的，并与人相关，而人是属于生物学上的动物世界的存在物，那么，肉体的形式则与美学相关。古希腊人已经知道作为美学现象的肉体形式，这个理解包含在整个希腊文化之中。现在发生的是向古希腊人对待肉体态度的部分复归，肉体的形式开始恢复自己的权利。这就要求改变基督教意识，克服抽象的唯灵论，它把精神与肉体对立起来，把肉体看作是和精神敌对的原则。精神把肉体包含在自身之中，并使肉体精神化，向肉体传递另外的质。人们不再把肉体理解为物质的和生理的现象。但这同样也要求克服机械论世界观，它使肉体

---

① 克拉格斯（1870—1956），德国心理学家和哲学家。——译者注

丧失灵魂的特征，敌视肉体的形式。肉体的形式对唯物主义而言是不可理解和不可解释的。精神赋予灵魂和肉体以形式，并使它们统一，而不是压制和消灭它们。这就意味着，精神塑造个性，塑造个性的完整性；人的肉体，人的脸都包含在这个完整性中。个性具有精神—灵魂—肉体的特征，并超越自然界的决定论。个性不服从任何机制。为感性视野所认识的人的形式并不依赖于物质，它意味着对物质的克服，它与使一切都丧失个性的物质决定对抗。人格主义还应该承认人的肉体的价值，不允许愚蠢地对待肉体，应该承认肉体也有人的真正生存的权利。所以，面包问题也就成了精神问题。人的肉体的权利之所以与个性的尊严相关，是因为对个性的最令人厌恶的侵害首先常常是对肉体的侵害。遭饥饿、受毒打、被残害的首先是肉体，这些折磨通过肉体传播到整个人。精神自身既不能被毒打，也不能被残害。

四

在希腊哲学里没有关于个性的比较清楚的观念。个性观念在斯多葛主义者那里闪现过。这个情况就给教会的教父们揭示教义带来巨大困难，他们得在 υπόστασιζ（希腊语，位格）和 φυσιζ（希腊语，本质、本性）之间作出细微的区分。在上帝里有一个本质和三个位格。在基督里有一个个性和两种本质。教父们的思维完全陷入希腊思想的范畴和概念之中。然而，他们必须表达出某种完全新的东西，新的精神体验，这是柏拉图、亚里士多德和普罗提诺所不知道的体验。从研究个性问题的世界思想史的观点来看，关于圣三位一体的位格学说具有重大意义。甚至可以这样说，对上帝是个性的意识先于对人是个性的意识。因此，无法理解的是否定人的个性存在，只

承认神的个性（位格）存在，比如卡尔萨文就是如此。他建立了一
个交响乐式的个性学说，所谓交响乐式的个性就是实现着神的三位
一体的个性。交响乐式的个性学说与人格主义深刻地对立，是对人
的奴役的形而上学论证。这个问题不能靠概念的辩证法来解决，而
应该用精神和道德体验来解决。卡尔萨文无法调和个性与一切统一
之间的矛盾。① 这只能证明，人格主义不可能建立在一元论形而上学
的基础上。希腊语 υπόστασις 的意思是托（垫），拉丁语 persona 的意
思是与剧院里的角色相关的"面具"，这两个词都不能很好地表达基
督教和近代哲学赋予个性的含义。在几个世纪的时间里，persona 一
词的含义发生了巨大变化，丧失了剧院方面的意思，其新的含义是
通过从波爱修斯② 开始的经院哲学获得的，他已经把个性确定为理
性的和个体的存在物。个性问题对经院哲学而言是个难题。托马斯
主义把个体同物质联系在一起，认为具有个体化作用的是物质，而
不是形式，形式是普遍的。不过，托马斯主义哲学已经在个性和个
体之间作出重要的区分。莱布尼茨认为，个性的实质是对自身的意
识，即个性的形象与意识相关。康德对个性的理解做出重大的改变，
他从对个性的理智主义理解过渡到对个性的伦理学理解。康德认为，
个性与摆脱了自然界决定论的自由相关，个性不依赖于自然界的机
制，所以，个性不是现象中的一个现象。个性是目的自身，而不是
手段，个性通过自己而存在。但是，康德的个性学说毕竟不是真正
的人格主义，因为在这里，个性的价值是由道德—理性本质决定的，
而道德—理性本质是普遍—共性的。在马克斯·施蒂纳③ 这里，有

---

① 一切统一（всеединство）：索洛维约夫的重要哲学术语，又译万物统一。
② 波爱修斯（约480—524），基督教哲学家，神学家。——译者注
③ 马克斯·施蒂纳（1806—1856），原名卡斯帕尔·施米特，德国青年黑格尔分子，无
政府主义思想家。——译者注

一种被歪曲的人格主义真理，尽管其哲学是错误的。他揭示了"我"的自我肯定的辩证法，其所谓的"唯一者"不是个性，因为个性已消失在无限的自我肯定之中，个性不愿意知道他者，不愿意向上超越。然而，在"唯一者"里也有真理的成分，因为个性被理解为宇宙、微观宇宙，在一定意义上，整个世界都是个性的所有物，属于个性，个性不是服从一般和整体的部分和个别。马克斯·舍勒把个性定义为体验的统一体，是各种行为的存在上的统一体。在他这里，重要的是个性与行为的联系。但与马克斯·舍勒相反，应该承认，个性要求其他个性的存在，要求通向其他个性的出路存在。涅斯梅洛夫关于人的思想很出色①，他认为，世界上只存在一个与人的个性相关的矛盾和谜。在个性里反映的是绝对存在的形象，同时个性又被置于有限存在的环境之中。人的个性应该成为的那个东西和个性在人间的存在环境之间有矛盾。涅斯梅洛夫这样表述人的存在的矛盾：人是物理世界里的物，这个物在自身中携带着上帝的形象。然而，人身上的个性不是物理世界的物。活力论哲学在现代思想中发挥着巨大作用，并有自己关于人的学说，但这种哲学不利于个性原则，它是反人格主义的。正如我已指出的那样，生命哲学将导致人的个性消失在宇宙和社会过程之中。狄奥尼索斯精神，自然主义的泛神论神秘主义、神智学、人智学、法西斯主义，同与资本主义制度相关的自由主义一样，都是反人格主义的。

五

要理解什么是个性，很重要的一点就是确定个性和个体之间

---

① 涅斯梅洛夫（1863—1920），俄罗斯宗教哲学家，代表作《关于人的科学》（两卷，1898，1903）。——译者注

的区分。法国托马斯主义者们就正确地坚持这个区分，尽管他们和我的哲学基础不一样。个体是自然主义的、生物学和社会学的范畴。个体相对于某个整体而言是不可再分的东西，是原子。个体不仅可以成为类或社会以及整个宇宙的一部分，而且它必然被思考成整体的一部分，在这个整体之外，它就不能被称为个体。然而，个体既是服从整体的部分，也是利己主义自我肯定的部分。所以，来源于"个体"一词的个人主义，根本不意味着独立于整体的、宇宙的、生物的和社会的过程，而只意味着处于服从地位的部分的孤立状态，意味着它对整体的无力的反抗。个体与物质世界有非常密切的联系，它由类的过程产生。个体由父母所生，它有生物学上的来源，由类的继承性决定，还由社会的遗传性决定。没有类就没有个体，没有个体也没有类。个体完全处于把类和个体区分开的那些范畴之中，个体为在类的生物过程和社会过程中的生存而进行斗争。人也是个体，但人不仅仅是个体。个体与物质世界相关，并从中汲取营养，但个体不是普遍的，它自身没有普遍的内容。人是微观宇宙，但不是作为个体的宇宙。人还是个性，人的理念，人在世界上的使命都与个性相关。于是，一切都发生了变化。个性不是自然主义的范畴，而是精神范畴。个性不是相对于某个整体的不可分割的东西，或者是原子，如相对于宇宙、类或社会的整体。个性是人相对于自然界、社会和国家的自由和独立性，个性不但不是利己主义的自我肯定，而且正好相反。人格主义不像个人主义那样，意味着自我中心主义的孤立。人身上的个性就是人相对于物质世界的独立性，这个物质世界是精神活动的材料。同时，个性还是宇宙，它被包罗万象的内容所充满。个性不是由类的宇宙过程产生的，也不是由父母生的，个性来源于上帝，来自另外一个世界；个性证明，人

17

是两个世界的交叉点，在人身上发生的是精神和自然、自由和必然、独立性和依赖性之间的斗争。埃斯皮纳斯说①，真正的个体是细胞。但是，个性根本不是细胞，它不包含在有机体里，如同部分包含在整体里那样。个性是原初价值和统一，其特征由与他者及其他个性，与世界，与社会，与人们的关系所表达，这是创造的、自由的和爱的关系，而不是决定的关系。个性位于个体—部分和普遍的类的关系之外，位于部分和整体的关系之外，位于器官和有机体的关系之外。个性不是一个动物个体。人身上的个性并不是由遗传性决定的，如生物和社会的遗传性。个性是人身上的自由，是战胜世界决定的可能性。人身上一切个性的东西都与任何机械性对立，与心理和社会的机械性对立，机械性在人生中发挥十分巨大的作用。个体和个性不是两个不同的人，而是同一个人。这不是人身上的两个不同的存在物，而是两种不同的质，两个不同的力量。沙·佩吉说②，个体是每个人身上自己的资产者，人的使命就是战胜这个资产者。个体的人体验着孤立，被自己的自我中心主义吞噬着，其使命就是为生命而进行艰苦的斗争，并提防各种威胁。他通过调和与迁就来摆脱困境。个性的人还是那个人，他克服自己的自我中心的封闭性，在自身中揭示宇宙，但同时保持自己相对于周围世界的独立性和尊严。应该永远记住，语言给我们制造了很大麻烦，我们常常不是在本来意义上使用词汇。个体和个体性指就某种意义而言是唯一的、独特的、与他者和其他个体相区别的东西。在这个意义上，个体的东西就是个性所固有的。个性比个体更具有个体性。个体常常还标志着非理性，与一般、人人都应遵守的、理性的和规范的东西对立。在

---

① 埃斯皮纳斯（1844—1920），法国哲学家。——译者注
② 沙·佩吉（1873—1914），法国诗人、政论家。——译者注

这个意义上，个性也是非理性的，个体则更多地服从人人都应遵守的规律，因为它被决定的程度更大。浪漫主义者使用的个体性与我们所谓的个性有区别，指出这一点对个性意识的历史是很有意思的。在浪漫主义者那里有鲜明的个体性，但表现出来的个性却常常是十分模糊的。个体性具有活力论性质，然而这不是精神特征，它并不意味着精神和自由的胜利。在当代小说里，比如在普鲁斯特和我们俄罗斯的安·别雷那里，我们能够发现对个性的深刻分裂和瓦解的反映。[①] 内在的统一和完整性是个性所固有的，个体则可能被世界力量分裂。个性不可能彻底地成为世界和国家的公民，它是上帝国的公民。所以，个性是深刻意义上的革命因素。这是因为人不是属于一个世界，而是属于两个世界的存在物。人格主义是二元论哲学，而不是一元论哲学。

六

个性的存在以超个性价值的存在为前提。如果没有高于个性的存在，如果没有个性应该上升到那里去的高尚世界，那么，人的个性就不存在。如果没有超个性的价值，那么个性就不存在，如果个性只是超个性价值的手段，那么，个性也是不存在的。个性与普遍的关系完全不是个性与类，个性与共性的关系。在这里我们遇到人格主义哲学中最困难的问题，这个困难与唯名论和唯实论问题的错误提法所导致的思维习惯相关。个性与共性，与客体世界的关系如何？确实，共相（universalia）不在个别事物之前（anet rem，这是柏拉图的实在论，这个实在论也是唯心主义），也不在个别事物之

---

① 普鲁斯特（1871—1922），法国作家；安·别雷（1880—1934），原名鲍利斯·尼古拉耶维奇·布加耶夫，俄罗斯作家，象征主义流派理论家。——译者注

后（post rem，这是经验主义的唯名论），而是在个别事物之中（in rebus）。就我们所感兴趣的问题而言，这就意味着共相在个体之中，即在个性之中，不是作为数量经验的产物，而是原初的质。共相不在理想的超个性领域，而在个性之中，个性属于生存领域。共相以及所谓的超个性价值不属于客观世界，而属于主观世界。对共相价值的客体化就会产生人的奴役。因此，可以说宇宙、人类、社会都处在个性之中，而不是相反。人是个体的东西，按照另外的术语说，人是奇异的东西，他比人类更具有生存的性质，人类只是人世里全人类统一体的价值，是人类团体的质，但人类团体不是凌驾于人之上的实在。共相也不是共性，共相不是抽象，而是具体，即完满。共相不是独立的存在物，共性更不是独立的存在物了，共相存在于单个事物之中，按照旧的术语，共相在个别事物之中（in rebus）。个体根本不是共相的一部分。把共相和奇异对立起来是不正确的。个性根本不是与共相对立的个别和部分。有更多的理由可以说个性就是共相。个体的奇异性①自身内在地被共相所渗透，而不是被个体渗透。全部旧术语都是非常混乱的，并与客体化的概念哲学相关，而不是与生存哲学相关。莱布尼茨曾尝试克服唯实论者和唯名论者的争论。体现在个体中的共相将克服共相和个体之间的对立。共相是主体里的经验，而不是客体中的实在。理念的客观世界是不存在的。但这完全不意味着共相，共相的理念和价值只是主观的（旧的意义上）。把共相理念客体化和实在化是克服主观性的错误道路，而不是真正意义上的超越。无法克服的矛盾与通过客体化途径构造的上帝概念和上帝观念相关。说上帝是共相和说上帝是奇异的，是个

---

① 奇异性（сингуляризм）：源于拉丁文 singnalaris，指单一性、唯一性。——译者注

体的，同样都不正确。共相和奇异之间的区别在客体化层面，但上帝不在客体化层面，而是处在生存的层面，处在超越的经验之中。人和上帝之间的关系不是因果关系，不是个别和一般的关系，不是手段和目的的关系，不是奴隶和主人的关系。人和上帝的关系与客观世界、自然界和社会里的任何事物都不相像，与此世的任何事物都不类似。作为凌驾于我之上的客观实在，作为共相理念的客体化的上帝是不存在的，上帝作为生存的相遇而存在，作为超越而存在。在这个相遇中，上帝是个性。所以，应该完全以另外的方式解决个性与超个性的价值的关系问题。

不能说超个性的东西高于人，上帝是目的，而个性则是实现这个目的的手段。个性——人不可能成为个性——上帝的手段。断定上帝为了自我荣耀而创造人，这个神学学说既贬低人也贬低上帝。令人惊奇的是，所有贬低人的学说都贬低上帝。个性与个性的关系，即使是与最高的上帝个性的关系，也不可能是手段和目的的关系，任何个性都是目的自身。手段与目的的关系只存在于客体化世界，即存在于把生存向外抛的世界里。假如没有超个性的价值，没有上帝和生命的神圣高度，那么，个性就不能上升，不能实现自己，不能实现其生命的完满。有这样一个思想，说人的个性是最高的、最后的东西，上帝是不存在的，而人自己就是上帝，这个思想是平庸的，它贬低人，而不是抬高人，这是十分可怕的思想。人的个性不是任何超个性价值的手段，不是上帝力量的工具。当超个性的价值把人的个性变成手段时，那就意味着人陷入偶像崇拜。对理性思维而言，个性是个悖论，个性以悖论的方式把个性和超个性、有限和无限、不变和变化、自由和命运结合在一起。个性不是世界的一部分，而是与世界相对应，还与上帝相对应。个性只能容许相互的关系，如相遇和交往。上帝—个性所愿望的不是被上帝统治，并应该荣耀上帝的人，而是人—个性，这个个性回应上帝的召唤，同这样的个性可以发生爱的交往。每个个性都有自己的世界。人的个性是潜在的一切，是整个世界历史。世界上的一切都发生在我身上。但这个个性只能部分地被实在化，还有一大部分仍处在昏睡的、隐蔽的状态之中。在我的意识无法涉足的深处，我沉浸在世界生命的汪洋大海之中。通过认识，也通过爱，以理性的方式和感性的方式，我在自身中实现和揭示共相内容，但我永远也不变成这个共相内容的手段。在我的意识和我的个性、我的个体性之间存在着复杂的、矛盾的关系。个性从深处产生自己的意识，把这个意识当作堡垒，当作界限，以便阻止在我身上发生的混淆和瓦解，但这个意识也可能阻碍共相内容填充我的个性，影响同宇宙整体的交往。同时，在意识里也有超个体的因素，意识永远也不能成为封闭的个体意识。意识在"我"与"非我"的关系中产生，它标志着从"我"的出路，但同时它也可能成为"我"走向"你"的出路的障碍，这个出路是一种内在的交往。意识进行客体化，并可能妨碍超越。意识是"不幸的意识"。意识服从规律，规律承认一般，而不承认个体。因此，如果不能正确地理解个性和超个性的关系，就很容易陷入错觉。意识的自身结构很容易造成奴役。永远需要注意意识的双重作用，意识有封闭的作用，也有开放的作用。

许多哲学家都在保卫等级人格主义（莱布尼茨、施泰恩、洛斯基①，部分地还有马克斯·舍勒）。等级人格主义自身包含内在矛盾，这个矛盾使它成为反人格主义的。根据等级人格主义学说，等级地

---

① 施泰恩（1871—1938），德国心理学家、哲学家；尼古拉·洛斯基（1870—1965），俄罗斯宗教哲学家。——译者注

被组织起来的世界整体由各种不同等级层次上的个性构成，而且每一个个性都服从更高的层次，并作为部分或器官包含在其中。人的个性只属于这个等级结构的一个层次，该层次包含低级的个性。但是民族、人类和宇宙却可以被看作是更高层次的个性。共同体、集体和整体都被看作个性，任何现实的统一体都可以成为个性。彻底的人格主义应该将等级人格主义看作是与个性的实质自身相抵触的。等级观念不得不承认人的个性是相对于等级整体的一部分，只有相对于这个整体，个性才是价值，个性就从这个整体中获得自己的价值。个性必须服从的那个等级整体被认为是比个性更高的价值，应该在这个整体里寻找共相、统一和普遍。然而，真正的人格主义不可能认同这一点，它不可能认为整体、集体的统一体是个性，因为在其中没有生存的中心，没有感受喜悦和痛苦的感官，没有个性的命运。在个性之外，世界上没有个性可以服从的绝对统一和普遍，在个性之外，一切都是部分，甚至世界自身也是部分的。一切客体化的事物，一切客体的事物，都只能是部分的。整个客体化世界，全部客体化的社会以及其中客体化的部分，都是如此。这个客体化世界的特征是可能压制人的沉重性，而不是完整性，不是普遍性。生存的中心，苦难的命运处在主观性之中，而不在客观性之中。个性所服从的一切高等级层次都属于客体化世界。客体化永远是反人格主义的，与个性敌对，意味着个性的异化。在客体化世界等级中，如在民族中，在人类里，在宇宙中，等等，一切生存的东西都属于个性的内在实质，个性不服从任何等级中心。宇宙、人类和民族等，都处在人的个性之中，如同在被个体化的宇宙或微观宇宙之中，它们向外部实在，向客体里的坠落和抛出，都是人堕落的结果，是使人服从无个性的实在的结果，是外化和异化的结果。在生存意义上，太阳不处在宇宙的中心，而是处在人的个性的中心，只是在人的堕落状态中，它才被外化。个性的实现，个性力量的集中和实在化，都内在地接受太阳，内在地接受整个宇宙、整个历史、整个人类。相对于人的个性而言，集体的个性，超个性的个性都只是错觉，是外化和客体化的产物。没有客观的个性，只有主观的个性。在一定意义上，狗和猫比民族、国家和世界整体具有更大的个性，更能继承永恒生命。这就是反等级的人格主义，它是唯一彻底的人格主义。在个性之外没有任何完整性、普遍性和共相，它们只在个性之中，位于个性之外的只是部分的、客体化的世界。我们将不断地返回到这个问题。

七

人格主义把个性的重心从客观的共性价值（社会、民族、国家、集体）转移到个性的价值上来。但是，人格主义是在与自我中心主义的深刻对立中理解个性。自我中心主义破坏个性。自我中心主义因自我封闭和专注于自己而不能走出自身，这就是自我中心主义的原罪，它阻碍实现个性生命的完满，阻碍发挥个性的力量。歇斯底里的妇女是自我中心主义、酷爱自己、把一切都归为自己的鲜明例证。正是这样的妇女与个性最为对立，在她身上，个性遭到破坏，尽管可能还有鲜明的个体形象。个性要求从自己走向他者和其他个性，如果个性封闭于自身，那么它就没有可供呼吸的空气，因此会窒息而死。人格主义只能是共通性的（коммюнотарный）。同时，个性从自己走向他者并不意味着必须外化和客体化。个性是"我"和"你"，是另外一个"我"。"我"走向"你"，与"你"进行交往，这个"你"不是客体，而是另外一个"我"，也是个性。同客体是不能交往的，也不可能有任何共性，而只能有人人都应遵守的规则。个性需要他者，但这个他者不是外在的、异己的，和这个他者的关系不是必然的外化。个性与其他人处在沟通（сообщение）和交流（коммуникация）之中，与他们交往（общение）和共处（коммунион）。沟通意味着客体化，而交往则是生存意义上的事件。在客体化世界里，沟通服从决定论的规律，因此不能使人摆脱奴役。交往在生存世界里发生，这里没有客体。交往属于自由王国，并意味着摆脱奴役。自我中心主义意味着人的双重奴役：受自己的奴役，受自己僵化自性的奴役；受世界的奴役，世界彻底变成了从外部强迫人的客体。自我中心主义者是奴隶，他与一切"非我"的关系是一种奴性关系。他只知道"非我"，但不知道另外一个"我"，不知道"你"，不知道从"我"的出路中有自由。自我中心主义者一般都不按照人格主义来确定自己与周围世界和人的关系，这正是他最容易陷入价值的客体指向的立场。自我中心主义者缺乏人性。他爱抽象的东西，而这些抽象的东西滋养着他的自我中心主义，他不喜欢活生生的具体的人。任何意识形态，甚至基督教的意识形态，都可能为自我中心主义服务。人格主义伦理学正好标志着从"共性"中的出路，克尔凯郭尔和舍斯托夫认为这个出路是与伦理学的分裂，但他们把伦理学等同于人人都应遵守的规范。对价值进行人格主义的重估不是把由具体的人及其生存所决定的一切看作是非道德的，而是把完全由"共性"、社会、民族、国家、抽象观念、抽象的善、道德和逻辑规律所决定的一切都看作是非道德的。摆脱了"共性"规律的人就是真正有道德的人，服从"共性"规律的人，被社会日常性所决定的人，就是没有道德的人。像克尔凯郭尔这样的人，是旧的反人格主义伦理学和反人格主义的宗教，以及社会日常性宗教的牺牲品。但是，这些人所体验的悲剧对正在发生的价值重估具有重大意义。对理解个性来说非常重要的是要永远记住，个性首先不受它与社会和宇宙、与受客体化奴役的世界的关系决定，而是受它和上帝的关系决定，个性就在这个隐秘的内在关系里汲取力量，以便建立其与世界和人的自由关系。自我中心主义的个体以为他在其与世界的关系中是自由的，这个世界对他而言是"非我"。但实际上他奴隶般地受这个"非我"的世界决定，正是这个世界使他封闭于自己之中。自我中心主义是被世界决定的一种类型，自我中心主义的意志是一种从外部来的暗示，因为世界就处在自我中心主义的状态。"我"的自我中心主义和"非我"的自我中心主义相比，后者总是更强烈。只有坚持对待世界的非自我中心主义态度，人的个性才是个宇宙。把整个压迫人的客体世界都包容在自身之中的个性，其普遍性不是自我中心主义的自我肯定，而是在爱中的展开。

人道主义是对人的个性的揭示中的辩证因素。人道主义的错误完全不在于它过分肯定人，不在于它把人赶上了人神的道路（在俄罗斯宗教思想里就经常这样断定），而在于它没有充分、彻底地肯定人，在于它不能保证人相对于世界的独立性，并在自身中包含着一种使人受社会和自然界奴役的危险。人的个性形象不仅仅是人的形象，而且还是上帝的形象。人的全部秘密和谜都隐藏在这里。这是神人的秘密，这个秘密是按照理性的方式无法表达的悖论。只有当个性是神人的个性时，它才是人的个性。人的个性相对于客体世界的自由和独立性就是它的神人性。这意味着个性不是由客体世界塑造的，而是由主观性塑造的，在主观性里蕴藏着上帝形象的力量。人的个性是神人性的存在物。神学家们会惊恐地反驳说，只有耶稣基督才是神人，而人只是被造的存在物，不可能成为神人。然而，这仍然是神学理性主义范围内的证据。即使人不是"基督是神人、唯一的神人"这个意义上的神人，但是，在人身上有神的因素，似乎有两种本质，两个世界的交叉也发生在人的身上。人在自身中携带着一种形象，这形象既是人的形象也是神的形象，它之所以是人的形象，是因为神的形象（在人身上）获得实现。关于人的这个真理位于教义公式的彼岸，是它们所不能完全包容的。这是生存的精神体验的真理，这种体验不能用概念来表达，而只能用象征来表达。人在自身中携带着上帝的形象，通过这个形象人才成为人，这是一种象征，不能构造关于这个象征的概念。对倾向于一元论或二元论的思维而言，神人性是个矛盾。人道主义哲学从来也没有上升到对神人类的悖论真理的理解。神学哲学则企图对这个真理进行理性化。关于恩赐的所有神学学说都只是关于人的神人性的真理，以及关于神对人的内在作用的真理的表达。然而，在同一哲学、一元论、内在论的范围内根本无法理解神人性的秘密。对这个秘密的表达要求二元论的因素，要求超越的体验，要求体验和克服深渊。神先验于人，神与人也在神人的形象中神秘地结合。只因为这一点，世界上才有不受世界奴役的个性出现。个性具有人性，它超越人的东西，人的东西依赖于世界。人是一个构成复杂的存在物，他在自身中携带着世界的形象，但他不仅仅是世界的形象，而且还是上帝的形象。在人身上发生着世界和上帝的斗争，人是具有依赖性和自由的存在物。上帝的形象是象征性的表达，如果把它变成概念，那么就会遇到无法克服的矛盾。人是象征，因为在他身上有另外一个东西的标志，他就是另外一个东西的标志。人摆脱奴役的可能性只与此相关。这是个性学说的宗教基础，不是神学的，而是宗教的基础，即是精神—体验的、生存意义上的基础。关于神人性的真理不是教义公式，

27

不是神学学说，而是经验真理，是对精神体验的表达。

　　人有双重本质。这个双重本质同时又是完整的本质。这个真理还体现在人的个性与社会和历史的关系之中，只是在这里它似乎被驳倒了。个性不依赖于社会的决定，它拥有自己的世界，它是个例外，是独特的和不可重复的。同时，个性是社会性的，在个性里有集体无意识的遗产，个性使人摆脱孤立。个性是历史的，它在社会和历史中实现自己。个性是共通性的，它要求与其他个性交往，要求与其他个性的共性。人生的深刻矛盾和困难都与这个共通性相关。在自我实现的道路上，人受到奴役的威胁。人必须经常返回到自己的神人形象。人遭到强迫的社会化，但与此同时，人的个性应该处在自由的交往中，处在自由的共性之中，处在共通性之中，这个共通性建立在自由和爱的基础上。人在客体化道路上遇到的最大危险是机械化和自动化。人身上一切机械和自动的东西，都不是个性的，而是无个性的，与个性形象对立。上帝的形象与机械的形象、机器的形象发生冲突。或者是神人类，或者是机械—人类，机器—人类。人生困境的根源在于，在人的内在世界和外在世界之间没有一致性和同一性，一个世界在另一个世界里没有直接的与合适的反映。这就是客体化问题。人类的宗教生活也遭受这样的客体化。在一定意义上可以说，宗教完全是社会化的，是社会联系。宗教的这个社会特征歪曲精神，让无限服从有限，使相对绝对化，偏离启示的根源，偏离活生生的精神体验。在内部，个性通过上帝的形象，通过神向人的渗透获得自己的形象；在外部，实现真理就意味着世界、社会、历史服从个性的形象，意味着个性向这些领域里的渗透。这就是人格主义。内在地，个性通过神人性获得力量和解放；外在地，整个世界，整个社会和历史通过人性，通过个性的首要地位来实现改造和解放。共通性是从里向外的运动，这个运动不是客体化，不使个性服从客体性。个性应该是神人的，社会则应该是人性的。谎言和奴役的根源是神人类在社会中、在历史道路上的客体化。这就导致一种虚假的客观等级主义，它与人的个性的尊严和自由对立。虚假的神圣化就与此相关，我们在人的所有形式的奴役里都能看到这一点。

八

个性与性格有关。鲜明的个性就是表现出来的性格。性格是精神原则在人身上的胜利，这是在具体—个体形式中的胜利，这个形式与人的灵魂—肉体组成相关。性格就是对自己的控制，是战胜自我奴役，这个胜利使得克服周围世界的奴役成为可能。性格首先表现在对待周围环境的态度上。气质是天生的，性格是（后天）获得的，是成就，性格以自由为前提。对性格和气质的所有分类都是大致的和勉强的。个性的秘密是不可以分类的。个性的性格总是意味着独立性，是个性的集中，是个性获得的自由形式。个性，个性的性格标志着人作出了选择，实现了区分，他不是对什么都无所谓，不是糊涂人。这个自由不是作为冷淡自由的意志自由，不是学院派的意志自由。这个自由更深刻，它与人的完整生存相关，是精神的自由，是创造的精神能量。人的心理生活自身就包含着积极的创造原则，它使个性获得综合，这是人身上精神的积极性，这个积极性不但渗透到心理生活之中，而且还渗透到肉体生活之中。精神塑造个性的形式，塑造人的性格。没有精神的这个综合性的积极性，个性就会发生混乱，人也会分裂为部分，灵魂将丧失其完整性，丧失其作出积极反应的能力。个性自由根本不是个性的权利，那是十分

肤浅的观点。个性自由是义务，是对使命的实现，是对上帝关于人
的理念的实现，是对上帝召唤的回应。人应该是自由的，他不能成
为奴隶，因为他应该成为人。这就是上帝的意志。人喜欢成为奴隶，
并展示自己受奴役的权利，这种奴役常常变换自己的形式。受奴役
正是人所要求的权利。自由不应该成为人的权利的宣言，而应该是
人的义务的宣言，是人成为个性的义务的宣言，是人表现个性性格
力量的义务的宣言。不能放弃个性。可以放弃生命，有时也应该放
弃生命，但不能放弃个性，不能放弃人的尊严，不能放弃自由，人
的尊严与自由相关。个性与使命的意识相关。每个人都应该意识到
这个使命，无论其天赋大小。这个使命就是，在个体—不可重复的
形式里回应上帝的召唤，创造性地利用自己的天赋。意识到自己的
个性听从内部的声音，并只服从这个声音，而不听命于外部的声音。
最伟大的人总是完全听从内部的声音，拒绝与世界调和。个性还与
苦修相关，并要求苦修，即要求精神上的锻炼，集中内在的精神力
量，要求选择，要求不同意与无个性的力量混淆，无论是内在于人
的力量，还是周围世界的力量。但这完全不意味着要接受历史上基
督教所有传统形式的苦修，因为在历史上的基督教里有许多根本不
是基督教的东西，甚至是与个性敌对的东西。苦修实际上应该是指
积极地显现和保护个性的形式、个性的形象，积极地抵抗世界的统
治，世界喜欢折磨个性，奴役个性。苦修是个性同奴役的斗争，只
有在这个意义上，苦修才是允许的。当苦修变成奴役时，在苦修的
历史形式中经常如此，那么这样的苦修就应该被否定，应该向这样
的苦修宣战，这个斗争需要真正的苦修。苦修完全不是服从和顺从，
而是个性的不服从和不顺从，是个性对自己使命的实现，是个性对
上帝召唤的回应。就自己的实质而言，个性是不服从和不顺从的，

个性是抵抗，是不间断的创造行为。与个性相关的真正苦修是人身上的英雄主义原则。奴性的苦修是可恶的行为。性格要求有能力进行选择和抵抗的苦修。但性格意味着不认同受奴役，意味着拒绝服从世界奴役人的命令。

个性是一和多的结合。在柏拉图的《巴门尼德篇》里包含了解决一与多问题的最细微辩证法。同时，这也是存在概念的辩证法。巴门尼德自己的绝对一元论没能解决多的问题。它给出了错误的本体论主义原型，受绝对存在观念奴役的原型。从绝对存在里没有出路。一与多的问题令古希腊思想不得安宁，这是普罗提诺的核心问题。如何从一过渡到多，多又是如何获得一的？对一而言有没有他者？作为绝对的一是不允许他者存在的。这就是绝对观念的错误，它否定关系，否定走向他者，走向多。这个问题在理性层面无法解决，它与悖论相关。这一点以最深刻的方式与个性问题相关。基督的秘密是不允许理性化的，这是一与多的悖论式结合的秘密。基督代表全人类，他是空间和时间中的共相的人。基督的秘密给人的个性秘密带来新的解释。个体只是分立的，属于多的世界。个性则与一相关，与一的形象相关，但这个一的形象却表现在个体—分立的形式上。正因如此，个性才不是多的世界的部分。在多的世界里一切都是分立的。人的思想和人的想象倾向于把力量和质进行实在化并体现出来。各民族生活中的神话创作过程就与此相关。神话创作的实在化常常是错误的、幻想的，并强化对人的奴役。唯一真正的实在化是对人的本质自身的实在化，把它理解为个性。对人的实在化，把个性的质赋予他，这是关于人的真正的、实在的神话。这个神话也要求想象。根据这个神话，人不是部分，不是分立的，因为他是一的形象，是宇宙。这是人的类上帝性，但这个类上帝性的反

31

面就是上帝的类人性。这是真正的，而不是虚假的类人观。正因为如此，人和上帝的相遇才是可能的，人和上帝的关系才是可能的。认识上帝就是实在化，把上帝理解为个性，这还要求想象。这也是真正的实在化，是对人的实在化的另一半。人之所以是个性，是因为上帝是个性，反之亦然。个性要求它的他者存在，个性不但与一有关，而且还与多有关。那么，如何对待上帝的个性？个性是生存的中心，但在个性里有感受痛苦和喜悦的感官。如果没有接受痛苦的能力，那么就没有个性。学院派正统神学否定上帝的痛苦，认为这贬低了上帝的伟大，在上帝里不应该有运动，上帝是纯行为（actus purus）。对上帝的这个理解与其说是从圣经启示获得的，不如说是从亚里士多德哲学获得的。如果上帝是**个性**，而不是**绝对**，如果他不仅是本质（essentia），而且还是生存（exitentia），如果在其中揭示着与他者和多的个性关系，那么**他**就有痛苦，在**他**身上就有悲剧原则。否则，上帝就不是个性，而是抽象的观念或实质，是埃利亚学派的存在。上帝的儿子受苦，不仅是作为人，而且还作为上帝。上帝有强烈的情感，而不仅仅是人有强烈情感。上帝分担人的痛苦。上帝思念自己的他者，渴望回应的爱。上帝不是抽象的观念，不是由抽象思维的范畴所制定的抽象存在。上帝是存在物，是个性。如果把爱的能力加在上帝身上，那么也应该把接受痛苦的能力加给**他**。无神论实际上就反对作为抽象存在、抽象观念、抽象本质的上帝，所以，在无神论里有自己的真理。针对这样的上帝，神正论是不可能的。上帝只有通过圣子才能被认识，圣子是爱、牺牲和痛苦的上帝。这就是个性。个性与痛苦相关，与悲剧的冲突相关，因为个性是一和多的结合，与他者的关系一直在折磨着个性。这个他者从来也不是整体，不是个性应该作为部分而包含在其中的抽象统一，而是个性与个性的关系，个性与诸多个性的关系。如果对存在的一元论理解是正确的，如果这样的存在占据首要地位，那么个性就不存在，甚至关于个性的意识的产生都是不可理解的。个性的意识反对本体论的极权主义。我们将在第二章第一节里看到这一点。个性不是存在和存在的部分，个性是精神，是自由，是行为。上帝也不是存在，而是精神、自由、行为。存在是客体化，个性则在主观性中被给定。抽象的、理性的、概念的哲学总是不能很好地理解个性，当它谈论个性时，就让个性服从无个性的一般。19 世纪有这样一些人十分尖锐地提出了个性问题，如陀思妥耶夫斯基、克尔凯郭尔、尼采和易卜生，他们起来反抗"一般"的统治，反抗理性哲学的淫威。不过，尼采这个对人格主义问题十分重要的人物却建立了一种破坏个性的哲学，他是从另一端建立的。我们将看到，不可能制定关于个性的统一的概念，个性的特征是各种对立，它是世界上的矛盾。

没有超验的东西，就没有个性。个性被置于超验世界面前，在实现自己的时候，个性就在超越。敬畏和忧郁（тоска）的状态完全是个性所固有的。人觉得自己是悬在深渊上的存在物，正是在作为个性的，与原初集体性隔离的人身上，这个感觉能够达到特别尖锐的程度。必须把敬畏（Angst）和恐惧（Furcht）区分开来。克尔凯郭尔就是这样做的，尽管每种语言都有术语上的相对性。恐惧有原因，恐惧与危险相关，与日常性的经验世界相关。敬畏则不是在面对经验危险时体验到的，而是面对存在和非存在的秘密，面对超验的深渊，面对未知时体验到的。死亡不仅能引起对仍然还在经验日常世界里发生的事件的恐惧，而且还能引起对超验世界的敬畏。恐惧与烦相关，与对痛苦和打击的担心相关。恐惧想不到高尚的世界，它指向下，专注于经验世界。敬畏是一种与超验世界相接触的边界状态，在永恒面前，在命运面前能够体验到敬畏。人不仅是体验着恐惧和敬畏的存在物，而且还是体验忧郁的存在物。忧郁更接近敬畏，而不是恐惧，但忧郁也有自己的特质。忧郁根本不是对危险的体验，它与烦无任何关系，而是使烦得以减弱。忧郁指向上，并揭示人的最高本质。人体验着被遗弃的状态，体验着孤独以及世界的异己性。再没有什么比对所有事物的异己性的体验更痛苦的了。个性在自己的成长之路上就体验这个状态。在忧郁中有某种超验的东西，这里有两个意思。个性把自己体验成超验的，与世界格格不入的存在物，还体验着深渊，这个深渊把它与最高的、另外的世界隔离开，那才是它自己的世界。强烈的忧郁之感可能出现在生活中最幸福的时刻。人固有对神的生命的深刻忧郁，对纯洁的忧郁，对天堂的忧郁。此生的任何幸福瞬间都无法与这个忧郁协调起来。个性的生存不可能不伴随着忧郁，因为忧郁意味着与世界给定性的分离，意味着不能适应这个给定性。在主观世界和超验世界之间，在客体化和超越之间，个性因自己无限的主观性而受到钳制。个性不能容忍客体世界的日常性，但它被抛入这个世界里。个性处在主观和客观的断裂之中。个性可以体验自己主观性的兴奋，但同时又不能超越到另外的世界。这是浪漫主义阶段。忧郁总是意味着缺损，意味着对生命完满的渴望。有一种令人痛苦的性的忧郁。性就是忧郁。在日常的客观世界里，这个忧郁是不能被彻底克服的，因为在这个世界里无法获得彻底的完整性，而从性的主观性中摆脱出来要求完整性。走向客体性意味着个性意识的弱化，意味着让个性服从类的生命的无个性原则。在生存的意义上，而不是在日常的意义上，我们所谓的罪、过失和忏悔只是超验性的产物，是在不可能超越的情况下面对超验世界。人面对死亡时可以体验到最大的敬畏。有死亡的忧郁，这是极其强烈的忧郁。人是体验着濒死状态的存在物，濒死状态仍在生命的内部。只有对个性而言，死亡才是悲剧，对一切无个性的东西，这个悲剧是不存在的。当然，一切有死的东西都应该死亡。但个性是永生的，它是人身上唯一永生的东西，它就是为永恒而被造的。在个性的命运中，死亡对它而言是最大的悖论。个性不可能变成物，我们把人向物的转变称为死亡，但这个转变不可能波及个性。死亡是对个性命运里断裂的体验，是与世界交流的终止。死亡不是个性内在生存的终止，而是世界生存的终止，这世界对个性来说是他者，个性在自己人生之路上曾走向这个他者。对世界而言，我的消失，对我而言，世界的消失，这两者之间没有差别。死亡的悲剧首先是离别的悲剧。但对死亡的态度是双重性的，这个态度对个性来说也有肯定的意义。在此生，在这个客体化世界里，个性生命的完满是不可能实现的，个性的生存是有缺损的和部分的。个性走向永恒的完满要求死亡、灾难、跨越深渊。所以，在个性的生存里，死亡是不可避免的，面对超验永恒的敬畏也是不可避免的。唯灵论形而上学所保卫的灵魂不灭的一般学说根本不理解死亡的悲剧，看不见死亡问题自身。永生只能是完整的，只能是完整个性的永生，在这样的个性里，精神控制着人的灵魂和肉体部分。肉体属于个性的永恒形象，在人的肉体腐烂的情况下，在丧失肉体形式的情况下，灵魂和肉体的分离不可能导致个性的永生，即完整的人的永生。基督教反对灵魂不灭的唯灵论学说，相信完整的人的复活，也相信肉体的复活。个性经历分裂和中断而走向完整的恢复。没有人的自然永生，只有通过基督，通过人与上帝结合的复活和永恒生命。此外，只有人在无个性的自然界中的消解。所以，个性生命经常伴随着敬畏和忧郁，但也有希望。当我把人的永生与基督联系在一起时，我根本不想说，永生只对有意识地相信基督的人才存在。问题比这更深刻。基督也为那些不信他的人而存在。

九

个性与爱相关。个性是爱着的存在物和恨着的存在物，它体验着爱欲和反爱欲。个性是进行对抗的存在物。没有激情就没有个性，如同没有激情就没有天才一样。爱是个性实现之路。有两种类型的爱，上升之爱和下降之爱，爱欲之爱和神圣之爱。个性固有上升之爱，也固有下降之爱。个性就在上升和下降中实现自己。柏拉图只教导上升之爱，这种爱也就是爱欲。柏拉图的爱欲产生于富有和贫穷，是从多的感性世界向一的理念世界的上升。这个爱欲不是对活生生的具体存在物的爱，不是对混合的存在物（理念世界和感性世界的混合物）的爱，而是对美的爱，对最高善的爱，对神圣完满的爱。爱欲是高处的引力，是向上的运动，是陶醉，是对有缺损的存在的填充，是对贫乏存在物的丰富。这个因素决定着男女之间的爱，但却混杂着其他因素。性就是缺乏，因此它能引起对填充的忧郁，引起向完满的运动，但这个完满是永远也达不到的。爱的悲剧与对感性世界具体存在物的爱和对理念世界美的爱之间的冲突相关。没有一个具体存在物能够符合柏拉图意义上的理念世界的美。所以，爱欲之爱、上升之爱、陶醉之爱应该与下降之爱、怜悯和同情之爱结合。爱欲之爱在任何一种有选择的爱中都存在，如在友谊之爱里，在对祖国的爱里，甚至在对哲学和艺术的理想价值的爱里，也存在于宗教生活之中。同情之爱是下降，它不为自己寻找什么，不寻找对自己的丰富，它赋予、奉献，沉入痛苦的世界里，这是在黑暗中陷于濒死状态的世界。爱欲之爱要求相互的关系，而怜悯之爱则不需要相互的关系，这是怜悯之爱的力量和财富。爱欲之爱能在上帝里看到他者、所爱者的形象，发现上帝关于人的理念，看到所爱者的美。怜悯之爱在被上帝遗弃的状态里，在世界向黑暗的沉没中，在痛苦和丑陋中能看到他者。马克斯·舍勒在基督教的爱和柏拉图的爱之间作了区分，在指向具体个性的爱和指向观念的爱之间作了区分，这些思想是很有意思的。然而，柏拉图主义深深地进入基督教之中。对柏拉图主义和柏拉图的爱欲而言，不存在个性的问题。基督教提出了个性问题，但基督教思想和基督教实践因对爱（无论是爱欲之爱，还是同情之爱）的无个性理解而使个性问题变得模糊了。柏拉图爱欲的无个性仿佛过渡到对基督教的同情之爱（caritas）的无个性理解。然而，对爱的实质的揭示应该导致把爱理解为从个性指向个性的运动。无个性的爱欲指向美和完善，而不是具体的存在物，不是不可重复的个性。无个性的神圣之爱和同情之爱指向无个性的近人，他在受苦，因此需要帮助。这是爱在最高世界和最低世界里的折射，在无个性的理念世界和无个性的痛苦与黑暗世界里的折射。超越了"一般的"、无个性的世界的爱是指向个性形象的爱，是永恒地肯定这个形象，永恒地肯定自己与这个形象的交往。当对待其他个性的态度是陶醉和向上的运动时，以及当这个态度是怜悯和向下的运动时，情况都是一样的。对待另外一个人的态度不可能完全是爱欲式地向上，也不可能完全是下降的，必须把这两者结合起来。片面的爱欲之爱里包含危险和破坏性的因素，片面的同情之爱，下降之爱里包含贬低他人尊严的成分。就爱与个性的关系而言，爱的问题的复杂性就在这里。如果基督教之爱变成为拯救灵魂而做的苦修操练，变成"善事"，变成慈善事业，那么它很容易具有说教和贬低人的形式。然而，基督教之爱在自己的高度上是精神的，而不是活力论的。但基督教之爱不可能是抽象—精神的，它是具体—精神的，是精神—心理的，并与完整个性相关。爱欲之爱不可能指向所有的人，不能强迫自己产生爱欲之爱，因为爱欲之爱是选择。但怜悯之爱，下降之爱则可以指向整个受苦的世界，这就是它具有改变作用的力量所在。我们还将返回到爱的问题和爱欲诱惑的问题上来。对个性问题而言十分重要的是，个性是有能力爱、陶醉和怜悯、同情的存在物。

个性问题与天赋问题相关。不能把天赋（гениальность）等同于天才（гений）。天赋是人的完整本质，是其对待生命的直觉—创造的态度。天才是这个本质与特殊才能的结合。个性潜在地固有天赋，即使它没有成为天才，因为个性是完整性，是对生命的创造态度。人身上上帝的形象是天赋，但这个天赋可能被掩盖、压制和模糊。无论天赋问题，还是天才问题，都与社会性的、客体化的等级制度无任何关系。没有被社会化的真正等级制度不与社会地位相关，也不与社会出身或财富相关，而是与才能或使命方面的差别相关，与个性的质相关。这就是人格主义的社会表现问题。这个表现不可能是社会—等级的。天才是孤独的，他不属于任何享有特权的社会组织、阶层，在他身上有先知的成分。面对世界的个性意识与恶的存在有深刻关联。个性在对世界之恶的统治的抵抗中获得巩固，世界之恶总是拥有自己的社会积淀。个性是选择，这一点是个性与天才的相似之处，天才是进行选择的意志的完整品格和紧张努力。选择是斗争，是对具有奴役和混淆作用的世界统治的抵抗。个性在与自身的恶及周围的恶的冲突中被塑造。个性的悖论之一就在于，强烈的个性意识以罪和过失的存在为前提。对罪，对过失，对恶的彻底麻木通常也是对个性的麻木，是个性在一般中，在宇宙和社会中的消解。恶与个性的联系，与罪及过失的联系将导致恶的人格化，导致把个性的形象塑造成恶的普遍化身。但这种对恶的实在化有自己的反面，即弱化个性的过失和责任。问题的复杂性就在这里。对每个个别人身上的恶而言，也存在这样的问题。任何人都不是恶的化身和人格化，恶在他身上永远是部分的。所以，对任何人都不能有终极的审判。这也给惩罚原则自身设置了界限。人可能犯罪，但作为完整个性的人不可能是罪犯，不能像对待犯罪的化身那样对待人，因为人始终是个性，在他身上有上帝的形象。犯了罪的个性也不能完全和彻底地属于国家和社会。个性是上帝国的公民，而不是恺撒王国的公民。恺撒王国对个性的评断和审判是部分的，也不是终极的。所以，人格主义坚决和彻底地反对死刑。人身上的个性不可能被社会化。人的社会化只能是部分的，而且不能波及个性的深处，个性的良心，个性对生命根源的态度。波及生存深处和精神生命的社会化就是常人（das Man）的胜利，是社会日常性的胜利，是中等——一般对个性—个体的残酷统治。因此，个性原则应该成为这样的社会组织原则，它不允许对人的内在生存进行社会化。个性也不能放置在为"共同幸福"服务的标志下。共同幸福掩盖了许多残暴统治和奴役。服务于共同幸福，即服务于某种没有自己生存的东西，只是对近人，每一个具体的人的平庸、简化和抽象的服务。这只意味着，在客体化世界里人被放置在数学上的数字标志之下。个性的首要地位在人身上是悲剧性的，因为人在自身中还包含着非个性的东西，而人身上这种非个性的东西不认同个性只能通过矛盾和断裂来实现。奴役的根源是客体性。客体化永远是建立与个性尊严矛盾的统治。正是在对人的本质的客体化、外化和异化中，人将陷入强力意志的统治，陷入金钱、对享乐的渴望、荣誉等的统治，它们都破坏个性。个性在矛盾中，在有限和无限、相对和绝对、一和多、自由和必然、内在和外在的结合中实现自己的生存和命运。内在与外在，主观和客观的统一和同一都是不存在的，只有悲剧性的不一致和冲突。但不能在无限的客观性之中获得统一性和普遍性，只能在无限的主观性之中，在超越自身的主观性之中获得它们。

第二节　主人、奴隶和自由人

一

我不得不经常重复说，人是矛盾的存在物，并处在与自己的冲突之中。人在寻找自由，在他身上有对自由的巨大冲动，但他不仅容易陷入奴役，而且还喜欢奴役。人是主宰和奴隶。在黑格尔的《精神现象学》里有关于主人和奴隶、统治和奴役的出色思想。[①] 这里说的不是社会范畴的主人和奴隶，而是某种更深刻的东西。这是意识的结构问题。我看到人的三个状态，三种意识结构，可以把它们标示为"主人""奴隶"和"自由人"。主人和奴隶是相关的，他们不能相互独立存在。自由人则独自存在，他在自身中有自己的质，这个质没有与自己对立的相关物。主人是为自己而存在的意识，但这个意识通过他者、通过奴隶而为自己存在。如果主人的意识是他者为自己而存在的意识，那么奴隶的意识就是自己为他者而存在的意识。自由人的意识则是对每个人为自己而存在的意识，但可以自

① 黑格尔：《精神现象学》上卷，贺麟、王玖兴译，商务印书馆1996年版，第127—129页。——译者注

由地从自己走向他者，走向所有人。奴役的界限就是缺乏对奴役的意识。奴役的世界是与自己异化的精神世界。外化是奴役的根源。自由是内化。奴役总是意味着异化，意味着人的本质向外抛。费尔巴哈以及后来的马克思都认识到人的奴役的这个根源，但却把这一点与唯物主义哲学联系起来，唯物主义哲学就是使人的奴役合法化。人的精神本质的异化、外化、向外抛就意味着人的奴役。无疑，人的经济上的奴役意味着人的本质的异化，以及把人变成物。在这一点上马克思是对的。但是，为了解放人，应该把他的精神本质归还给他，他应该意识到自己是自由的和精神的存在物。如果人仍然是物质的和经济的存在物，其精神本质仍然被认为是意识的错觉，欺骗人的意识形态，那么这个人仍然是奴隶，而且是就本质而言的奴隶。人在客体化世界里只能是相对自由的，而不能是绝对自由的。人的自由需要斗争，需要抵抗必然性，他应该克服必然性。自由以人身上的精神原则为前提，精神原则能够抵抗奴役人的必然性。作为必然性的结果的自由不是真正的自由，而只是必然性辩证法中的一个因素，因此，黑格尔实际上不懂得真正的自由。

外化、异化的意识永远是奴性意识。如果上帝是主人，那么人就是奴隶；如果教会是主人，那么人就是奴隶；如果国家是主人，那么人就是奴隶；如果社会是主人，那么人就是奴隶；如果家庭是主人，那么人就是奴隶；如果自然界是主人，那么人就是奴隶；如果客体是主人，那么作为主体的人就是奴隶。奴役的根源永远是客体化，即外化和异化。这是在一切方面的奴役，比如在意识里，在道德里，在宗教里，在艺术里，在政治和社会生活里。奴役的终止就是客体化的终止。奴役的终止不意味着统治的产生，因为统治是奴役的反面。人不应该成为主人，而应该成为自由人。柏拉图正确地说，暴君自己就是奴隶。对他者的奴役也是对自己的奴役。统治和奴役一开始就与巫术相关，巫术不懂得自由。原始巫术就是对强力的意志。主人只是把世界引向歧途的奴隶形象。普罗米修斯是自由人和解放者，而独裁者是奴隶和奴役者。强力意志总是奴性的意志。基督是自由人，是人类之子当中最自由的人，他摆脱了世界，只靠爱去联系人。基督像拥有权柄的人那样说话，但他没有对权力的意志，也不曾是主人。帝国的主人恺撒是奴隶，是世界的奴隶，是强力意志的奴隶，是大众的奴隶，没有大众他就不能实现其强力意志。主人只知道一个高度，就是奴隶把他举上去的那个高度。恺撒只知道大众把他举上去的那个高度。然而，奴隶和大众也能把所有的主人和所有的恺撒推翻。自由不仅是摆脱主人，而且也是摆脱奴隶。主人是从外边被决定，主人不是个性，如同奴隶不是个性一样，只有自由人是个性，即使整个世界都想奴役他。

　　人的堕落最明显地表现在他是暴君。在人身上，存在一种倾向于残暴统治的永恒趋势。人是暴君，如果不是在大的方面，那么也是在小的方面，如果不在国家里，不在世界历史之路上，那么也是在自己的家庭里，在自己的小店铺里，在自己的事务所里，在官僚机构里，哪怕他在其中占据最微不足道的位置。人有一种喜欢扮演角色的不可克服的倾向，在这个角色里他赋予自己以特殊的意义，并奴役周围的人。人是暴君，不但在恨里，而且也在爱里。热恋的人常常是可怕的暴君。忌妒是残暴统治在消极形式中的表现。忌妒的人是奴役者，他生活在虚构和幻觉的世界里。人还是自己的暴君，也许，人尤其能成为自己的暴君。他作为分裂和丧失完整性的存在物来残暴地统治自己。他用虚假的罪过意识残暴地统治自己。实际上，真正的罪过意识能解放人。人用虚假的信念、迷信和神话残暴地统治自己。他用各种恐惧、病症残暴地统治自己。他用忌妒、自尊心、怨恨（ressentiment）残暴地统治自己。病态的自尊心是最可怕的残暴统治。人还用对自己的软弱和渺小的意识，以及用对强力和伟大的渴望来残暴地统治自己。人用自己奴役人的意志不但奴役他人，而且还奴役自己。在人身上，有一种对专制的永恒趋势，对权力和统治的渴望。最原始的恶是人对人的统治，是对人的尊严的贬低，是暴力和统治。马克思认为人剥削人是原初的恶。但实际上，人剥削人是派生的恶，这个现象作为人对人的统治才是可能的。人之所以成为他人的主人，是因为就自己的意识结构而言他成了统治意志的奴隶。他用来奴役他人的那个力量也在奴役他自己。自由人则不愿意对任何人进行统治。黑格尔所谓的不幸的意识①是对对立面的意识，把对立面当作本质，这是对自己的渺小的意识。当人体验到他的本质，把它体验成与他对立的本质时，他就能体验到奴性的依赖性意识的压迫。但在这个时候，利用对他人的奴役来补偿自己，他常常能够敷衍过去。变成主人的奴隶最可怕。作为主人，最不可怕的还是贵族，因为他能意识到自己本有的高尚和尊严，摆脱了怨恨（ressentiment）。独裁者和追求强力意志的人永远也不能成为这样的贵族。独裁者的心理是对人的歪曲，独裁者实际上是暴发户（parvenu）。他是自己对别人奴役的奴隶。他与解放者普罗米修斯深刻对立。大众的领袖和大众处在同样的奴役地位，他在大众之外，在他所统治的奴隶之外不能存在，他整个地被抛向外边。暴君是由那些在他面前体验着恐惧的大众制造出来的。对强力、优势地位和统治的意志是一种偏执，这不是自由的意志和追求自由的意志。

① 黑格尔：《精神现象学》上卷，第140页。"苦恼的意识"即此处的"不幸的意识"。——译者注

被强力意志所控制的人处在劫运的统治之下，并成为遭受劫运的人。作为帝国意志的代表，独裁者恺撒把自己置于天命之下。他无法停止，无法限制自己，在死亡的道路上越走越远，这是个注定要遭到灭亡的人。强力意志是无法满足的，但是，它所表达的不是把自己奉献给别人的那种力量的丰富。帝国的意志创造虚幻的、转瞬即逝的王国，导致灾难和战争。帝国意志是对人的真正使命的可怕歪曲。在这个意志里有对人应该追求的那种普遍主义的歪曲。人们企图通过虚幻的客体化，通过把人的生存向外抛，通过使人成为奴隶的外化来实现这个普遍主义。人的使命是成为大地和世界的主宰，人的理念固有主宰的特质。人的使命就是扩张和占领空间。他迷恋巨大的冒险。但是，人的堕落使这个普遍意志指向虚假的奴役。孤独和不幸的尼采是主张强力意志的哲学家。人们如此卑鄙地利用尼采的思想，把他庸俗化，将其思想变成实现自己目的的手段，尼采自己也会讨厌这些目的。尼采面向少数人，他是个贵族式的思想家，他贬低人类大众，但没有大众就不能实现帝国的意志。他称国家是最冷酷的怪物，他说，只有在国家结束的地方才开始有人。那么，如何组织帝国呢？要知道，帝国永远是大众、一般人的组织。尼采是个弱者，是个丧失任何力量的人，是这个世界上最软弱的人。他所拥有的不是强力意志，而是强力意志的观念。他号召人应该残酷。但是，他未必把残酷理解为国家和革命的暴力，理解为残酷的帝国意志。独裁者波尔查① 的形象对他而言只是他所体验的内在精神悲剧的象征。但无论如何，帝国意志的兴奋，强力意志的兴奋，对奴役的意志的兴奋，都是与福音书道德的分裂。这个分裂就发生在世

---

① 独裁者波尔查（约 1475—1507），意大利政治和军事活动家，诸侯之一，为人残忍。——译者注

界上，但在旧的人道主义那里，在法国大革命那里都还没有这个分裂。奴役者的暴力形象企图成为力量的形象，但实际上它总是软弱的形象。独裁者是最无力的人。任何折磨人的人都是丧失了精神力量的人，丧失了对精神力量的任何意识的人。下面，我们研究这个十分复杂的暴力问题。

二

强力意志、帝国意志与人的尊严、自由相抵触，这是十分明显的。帝国哲学甚至从来不说要保卫人的自由和尊严。它只是激发对人的暴力，把这个暴力当作最高状态。然而，暴力问题自身以及对待这个问题的态度是十分复杂的。当人们愤怒地反抗暴力时，一般情况下都是针对粗俗的、惹人注目的暴力形式。比如打人，把人投入监狱，杀人。但在人的生活里充满着不惹人注目的、更精致的暴力形式。心理上的暴力在生活中比肉体上的暴力发挥的作用更大。人丧失自由而成为奴隶，不仅仅是由于肉体上的暴力。人从童年起就体验到的社会暗示可能会奴役他。教育体制有可能完全剥夺人的自由，使他成为一个没有判断自由能力的人。历史的重负和积淀强暴人。强迫人可以通过威胁的途径、通过传染的渠道实现，传染已经变成一种集体行为。奴役就是杀人。人总是把生命的电流或者是死亡的电流传递给别人。恨永远是死亡的电流，是传递给他者并强迫他者的电流。恨总是企图剥夺自由。令人惊奇的是，爱也可能成为致命之爱，可以传递死亡的电流。爱对人的奴役并不亚于恨。人生被各种地下暗流所渗透，因此人常常难以觉察地陷入强迫和奴役他的环境之中。有个体暴力的心理，有集体暴力和社会暴力的心理。积淀和僵化的社会舆论可能成为对人的暴力。人可能成为舆论的奴隶，成为习惯、习俗的奴隶，成为社会上强加给他的判断和意见的奴隶。对今天的报刊所实行的暴力怎么评价都不为过。在我们这个时代，一般人所拥有的是他每天早晨阅读的报纸上的意见和判断，报纸给他施加心理上的强迫。由于报刊的谎言和收买，在奴役人、剥夺人的良心自由和判断自由的方面，其结果是最可怕的。然而，这个暴力相对来说是很难觉察的，只有在专制国家里才是显而易见的，因为篡改人们的意见和判断在这里是国家行为。还有更深刻的暴力，这就是金钱统治的暴力。这是资本主义社会里隐藏着的专制。在这里，并不是直接地、明显地奴役人。人的生活依赖于金钱。金钱是世界上最无个性的、最没有质的力量，是可以同样地用任何东西交易的力量。一般情况下，人并不是直接地，通过肉体暴力而被剥夺良心自由、思想自由和判断自由，但人却被置于物质上的依赖地位，处在饿死的威胁之下，他因此而丧失自由。金钱给人以独立性，缺少金钱就会使人处于依赖地位。然而，有钱人也处在奴役之中，遭受难以觉察的暴力。在金钱王国里，人不得不出卖自己的劳动，他的劳动就成为不自由的。于是，人不知道在劳动里有真正的自由。相对比较自由一点的是手艺人的劳动和智力劳动，然而，智力劳动也遭受不易觉察的暴力。大众经历了奴隶的劳动，农奴的劳动，经历了资本主义世界新的奴隶劳动。因此，人仍然是奴隶。非常有意思的是，在心理上最容易把缺乏运动和习惯了的状态理解为自由。人们认为，运动已经是对周围世界，对周围的物质环境和对其他人的一种暴力。运动是变化，运动不向世界征求变动的许可，这些变动是由运动所产生的变化导致的结果。把静止理解为缺乏暴力，把运动和变化理解为暴力，这种理解在社会生活中会带来保守的后果。比如，已经习惯的，早已被肯定的奴役可能不被认为是暴力，而指向消灭奴役的运动则可能被认为是暴力。认为社会变革是暴力的是这样一些人，对他们而言熟悉的、习惯的社会制度是自由，即使这个制度是极其不公正的。工人阶级地位的一切变革都会引起资产阶级高呼：违反了自由，发生了暴力。这就是社会生活中自由的悖论。奴役从四面八方威胁人。为自由进行斗争以抵抗为前提，没有抵抗，斗争的激情就会减弱。成为习惯生活的自由将变成对人的难以觉察的奴役，这是客体化的自由。然而，自由应该是主体的王国。人是奴隶，因为自由太难，而接受奴役则很容易。

在客体性的奴役世界里，暴力被认为是力量，是表现出来的力量。暴力的兴奋状态总是意味着对力量的崇拜。然而，暴力不但不能等同于力量，而且暴力从来不应该与力量相关。在更深刻的意义上，力量意味着控制它所指向的东西，但不是统治，在统治中永远有外在性（внеположеность），而是令人信服的，内在地令人服从的结合。基督说话很有力量。暴君说话从来都是无力的。强暴者相对于被他施暴的人完全是无力的。人们求助于暴力，是因为他们无力，相对于施暴的对象而言，他们没有任何力量。主人对自己的奴隶没有任何力量。主人可以残酷地虐待奴隶，但是这个虐待只能意味着遇到了无法克服的阻力。当主人有了力量，他就不再是主人。对他人的极端无力体现在对这个人的杀害上。如果可以复活一个人，那么在其中将表现出无限的力量。力量是对他者的改变、照耀和复活。暴力、虐待、杀人则是软弱。在客体化的、日常的、无个性的、外化的世界里，所谓的力量不是在生存意义上的力量。这一点表现在力量和价值的冲突中。世界上的高级价值却比低级价值更软弱，高级价值遭受损害，而低级价值则获得胜利。警察和士兵、银行家和生意人，比诗人和哲学家、先知和圣徒更有力量。在客体化的世界里，物质比上帝更有力量。上帝之子被钉死了。苏格拉底被毒死了。先知遭石头打死。新思想和新生活的倡议者和创造者总是遭迫害、受压制、被杀害。社会日常性中的一般人则获得胜利。获得胜利的是主人和奴隶，人们不能忍受自由人。他们不愿意承认最高价值，即人的个性，他们把最低价值，如国家及其暴力和谎言、间谍活动和冷酷的杀人，当作最高价值，并且奴隶般地崇拜这个价值。在客体化世界里，人们只喜欢有限，而不能忍受无限。有限的统治永远是人的奴役，甚至被掩盖的无限也是一种解放。人们把力量同低劣的手段相连，这些手段对目的而言被认为是必须的，而这些目的被认为是好的。然而，尽管全部生活都被这样的手段充满了，但人们从来也没有达到目的。人成为手段的奴隶，这些手段仿佛能够给他以力量。人在错误的道路上寻找力量，就是在没有力量的道路上寻找力量，在暴力行为中表现出来的无力的道路上寻找力量。人所实践的是奴役者的意志行为，而不是解放者的意志行为。在所谓伟大的历史活动家，帝国意志的代表们那里，杀人行为一直发挥着巨大的作用。这永远证明那些"强有力的"人在形而上学意义上的软弱，见证他们对强力和统治的病态意志，伴随这个意志的是迫害狂。精神上的软弱，面对人的内在生活的无力，缺乏恢复新生命的力量，都会导致这样的结果，即很容易设想在彼世的地狱之苦，允许在此世利用死刑、拷打和残酷的惩罚。真理在此世受难，然而，真正的力量在真理之中，在上帝的真理之中。

三

一元论是人的奴役的哲学根源。一元论的实践是残暴统治的实践。人格主义在最深刻的意义上与一元论对立。一元论是"一般"的统治，是抽象—普遍的统治，是对个性和自由的否定。个性和自由与多元论相关，准确地说，个性和自由表面上接受多元论的形式，在里面则可能意味着具体的普遍主义。良心不可能在某种普遍的统一之中拥有自己的中心，它不能被异化，并始终处在个性的深处。在个性深处的良心完全不意味着个性在自身的封闭和自我中心，相反，它要求在里面展开，而不是在外面展开，要求用具体的普遍内容在里面填充。但个性的这个具体—普遍内容永远也不意味着个性把自己的良心和意识置于社会、国家、民族、阶级、党派以及作为社会建制的教会之中。"聚和性（соборность）"一词的唯一可接受的和非奴性的含义，就是把它理解为个性内在的、具体的普遍主义，而不是良心向某个外在集体的异化。只有这样的人才是自由的，他不允许自己的良心和自己的判断异化和向外抛，否则他就是奴隶。主人就这样做，即允许自己的良心和判断异化和向外抛，因此，他只不过是另外一种形式的奴隶。说个性的自律，以及意识和良心的自律，在术语上是不准确的。在康德那里，这意味着让个性服从道德—理性的法律。在这种情况下，自律的不是人，而是道德—理性法律。应该把作为个性的人的自律称为自由。在欧洲历史上，一般情况下或者用理性，或者用自然界来与权威和等级制度对抗。起来反抗权威的或者是理性，或者是自然界。然而，靠这个手段不能获得人的自由。人仍然还服从无个性的理性、独立的社会或直接服从自然界的必然性。对抗专横的意识或专横的生活制度不应该用理性，不应该用自然界，也不应该用独立的社会，而应该用精神，即自由、人身上的精神原则。精神原则塑造人的个性，它不依赖于客体化的自然界，也不依赖于客体化的逻辑世界。这就要求改变反抗人的奴役的斗争指向，即要求对价值进行人格主义的重估，本书所研究的就是这个重估。应该用内在生存的普遍主义去对抗外在客体化的普遍主义，因为后者建立了越来越新的奴役形式。一切非个性的东西，一切向一般领域异化的东西，都是对人的诱惑和奴役。自由人是自治的存在物，而不是被治理的存在物，这不是社会和民族的自治，而是成为个性的人的自治。社会和民族的自治仍然是奴隶的统治。

改变为人的自由、自由人的出现而进行的斗争指向首先就是改变意识结构和价值取向。这是一个深刻的过程，其结果可能只是慢慢地体现出来。这是内在的、深处的革命。这场革命是在生存时间里，而不是在历史时间里实现的。意识结构的这种改变也是对内在性和超越性之间关系理解的改变。使人陷入不间断演化过程的内在连续性是对个性的否定，个性要求间断和超越。在这里，人服从普遍的统一，上帝完全内在于这个统一之中。然而，上帝应该彻底超越这个普遍统一，以及在其中所发生的过程。上帝的这个超越性，上帝相对于世界必然性、一切客体性的自由，就是人的自由的根源，是个性生存的可能性自身。不过，超越也可能被奴性地理解，可能意味着对人的贬低。超越可能被理解为客体化和外化，对待超越的态度不是被理解为在自由中的内在超越，而是奴隶对待主人的态度。解放之路在传统的内在和超越的彼岸。在自由中的超越从来也不意味着对他人意志的服从，对他人意志的服从就是奴役，而是意味着对**真理**的服从，**真理**同时就是道路和生命。**真理**永远与自由相关，只有自由才能获得真理。奴役永远是对真理的否定，是对真理的惧怕。对真理的爱就是战胜奴役人的恐惧。仍然活在现代人身上的原始人就处在恐惧的统治之下，他是过去的奴隶，是日常性的奴隶，是祖先之灵的奴隶。神话能奴役人。自由人不处在神话的统治之下，他摆脱了神话的统治。但是，现代的文明人、文明顶峰上的人，仍然处在神话的统治之下，而且是处在关于普遍实在、"一般"王国的神话统治之下，根据神话，人应该服从这个王国。然而，普遍的、一般的实在是不存在的，这是客体化所制造的虚幻和错觉。普遍价值是存在的，比如真理，但普遍价值总是在具体的和个体的形式之中存在。对普遍价值的实在化是意识的错误指向。这是旧的形而上学，它不可能获得证明。在个性之外，任何普遍性都是不存在的。宇宙处在人的个性之中，处在上帝的个性之中。对抽象原则的人格化就是客体化，在这个客体化里个性将消失。

四

奴役是消极性。克服奴役是创造的积极性。只有在生存时间里才能显示创造的积极性。历史的积极性是客体化，是在深处实现的行为向外的折射。历史时间企图使人成为自己的奴隶。自由人不应该屈服于历史、类、革命，以及任何客观的共性，客观共性企图拥有普遍意义。主人和奴隶一样，屈服于历史、共性和虚假的普遍主义。主人和奴隶之间所拥有的共性要比人们想象的多。自由人甚至不愿意成为主人，因为成为主人将意味着丧失自由。要培养能够克服奴役和统治的意识结构，必须仿照否定神学来建立否定的社会学。肯定的社会学处在奴役和统治的范畴里，不能走向自由。一般的社会学概念不适用于思考摆脱了统治和奴役范畴的社会，这样的思考要求摆脱和否定处在恺撒王国里的一切，恺撒王国就在客体化世界里，在这里，人也将成为客体。自由人的社会，个性的社会，既不是君主制、神权政治，也不是贵族政治、民主制，既不是权威的社会、自由的社会，也不是资产阶级社会、社会主义社会，既不是法西斯主义，也不是共产主义，甚至不是无政府主义，因为在无政府主义里也有客体化。这是纯粹的否定，认识上帝就是纯粹的否定，这个认识摆脱了概念，摆脱了一切理性化。这首先意味着意识结构的一种改变，经过这种改变，客体化将消失，不再有主客体的对立，不再有主人和奴隶，只有无限性，有被普遍内容所填充的主观性，这是纯生存的王国。把否定的社会学归到彼岸的、天上的、超验的世界，归到"死后的"生命，并满足于这样一点，即在此岸的、人间的、内在的世界里，在死前的生命里，一切都应该维持原貌，这样的做法是完全错误的。我们将看到，这是对末世论的完全错误的理解，这种理解认为终结没有任何生存意义。意识结构的改变，客体化的终止，建立自由人的社会，这样的社会只有对否定的社会学才是可能的，实际上，这一切都应该发生在此世。

　　人不仅生活在自然循环的宇宙时间里，生活在面向未来的、支离破碎的历史时间里，他还生活在生存时间里，他也在客体化之外存在，并规定这个客体化。在本书最后一部分里我们将看到，"世界的终结"，用哲学语言说，就意味着客体化的终结，世界的终结以人的创造积极性为前提，这个终结不但"在彼世"实现，而且也"在此世"实现。这是人的命运和世界命运的悖论，对这个悖论应该悖论地思考，不能用理性范畴思考它。主人和奴隶根本不会思考这个问题，只有自由人才能思考它。主人和奴隶将进行非人的努力来阻止客体化的终结、"世界终结"的到来，阻止上帝国的到来，上帝国是自由的王国，是自由人的王国，主人和奴隶将建立越来越新的统治和奴役形式，对它们进行新的伪装，制造越来越新的客体化形式，其中人的创造行为将遭受巨大的失败，历史犯罪将继续。然而，自由人应该准备自己的王国，不但在"那里"，而且还在"这里"，首先使自己作好准备，把自己塑造成自由人、个性。自由人将承担责任。奴隶不能准备新的王国，实际上，王国一词对这个新王国是不适用的，奴隶的起义永远制造新形式的奴役。只有自由人才能向这个目的（新王国）成长。主人和奴隶拥有共同的命运。因此，必须仔细研究，到底有多少不同的和精致的奴役形式在威胁着人、诱惑着人。

第二章

第一节　存在与自由

人受存在的奴役

一

　　形而上学总是企图成为本体论，成为存在的哲学。这是一个十分古老的哲学传统。巴门尼德是这个传统的重要创始人，他主要是个本体论者。再没有比巴门尼德的存在更抽象的概念了。柏拉图不容忍这个抽象，他企图使存在问题复杂化和精确化。但从柏拉图开始的还是本体论传统。而且，今天本体论哲学的代表都是柏拉图主义者。我早就怀疑一般的本体论主义的正确性，特别是柏拉图本体论主义的正确性。在我自己的《创造的意义》一书里我就表达了这个怀疑。在那里我断定，自由先于存在，尽管我的术语还不十分清楚，也没有获得彻底的界定。任何时候我都没有像现在这样，认为本体论主义是错误的哲学。我认为存在主义哲学是正确的哲学，这是对本质（essentia）与生存（existentia）之间关系这个古老问题的另外一种思考方式和另外一种理解。正确的哲学应该追求具体的实在，追求存在者。现在，这样的流派在哲学思想里是存在的。不过，在柏拉图自己的学说里也包含着永恒的真理，尽管他的学说是抽象的本体论主义。

存在问题首先是这样一个问题，在多大程度上存在已经是思维的构造，即是主体所做的客体化，就是说，存在是某种次要的，而不是主要的东西。存在是概念，即某种经过客体化思维的东西，在存在里已经有抽象的痕迹，因此，和一切客体化一样，存在也奴役人。在生存的原初主观性中根本没有给定存在，我们没有对存在的给定性的体验。在巴门尼德那里，在柏拉图主义那里，在本体论主义那里，真正的和理想的存在是普遍——一般，而个体——个别或者是派生的和处于服从地位的，或者是虚构的。理想和理念是真正的实在。共相是实在的。多的世界和个体世界是次要的、反映的世界，而不是完全实在的世界，其中的存在与非存在混淆在一起。这就是古希腊哲学思想的顶峰。这个哲学思想在近代和现代本体论哲学中还是有效的。但是，反过来说才是正确的：经验的、客体化的世界才是一般的王国，法律的王国，必然性的王国，是普遍原则对一切个体和个性施加暴力的王国，而另外一个精神世界是个体、个别、个性的王国，是自由的王国。客观地强迫人的"一般"只是在这个经验世界里才占统治地位，在精神世界里没有这样的一般。与流行的意见相反，精神首先与"一般"对立，精神只承认个别。应该换个方式提出一与多的问题，在与柏拉图和柏拉图主义者不同的意义上提出这个问题。在他们那里，使人客体化和外化的思想把存在构造成为"一般"、普遍，因此把个性和"奇异"变成个别的、部分的。但是，生存的真理就在于，实在的就是奇异地存在的，一般则是不实在的，这完全不是站在唯名论者所持的立场上，他们只是代表着与客体化和抽象思维相反的一极。柏拉图主义者—实在论者（谢苗·柳德维果耶奇·弗兰克、尼古拉·洛斯基）谈论唯名论者时说，他们（唯名论者）以为，"一般的马"的实在性似乎就是指"一般的马"在一块草地上吃草。柏拉图主义者—实在论者则与此对立，认为"一般的马"作为所有个别的马的统一体而存在。这种情况下，在唯名论者和唯实论者争论中存在的老问题所包含的错误仍然保留了下来。一般和个别，普遍和个体的逻辑对立仍然存在。但是，这个对立是客体化思维的产物。在生存的内部，个别的、个体的事物是普遍的，具体事物是普遍的，所以，任何作为一般的普遍事物都是不存在的。"一般的马"和"一般的人"都不存在，所有个别马的统一体，所有个别人的统一体，作为"一般"也都不存在，但是在个别的马和个别人身上存在着马和人的生存普遍性（而不是共性）。实在中的统一体和思想中的统一体是不一样的。我们认识个别人的普遍性，不是通过对我们人的共同性质进行抽象，而是通过沉浸在人的个别性之中。如果用康德的术语，那么可以这样说，自然王国是一般的王国，自由王国是个别的王国。但自由王国就是精神的王国。把存在概念作为自己基础的哲学是自然主义的形而上学。存在是自然，是本质（усия），存在属于理性化所产生的客体化世界。把精神思考成存在就是自然主义地思考精神，把它思考成自然、客体。但是精神不是客体，不是自然，不是存在，精神是主体，是行为，是自由。首要行为不是存在，存在是僵化的行为。神秘主义者正确而深刻地教导说，上帝不是存在，有限的存在概念不能用于上帝，上帝存在，但上帝不是存在。"我是永恒的存在者"[1]，这里强调的是"我"，而不是"永恒的存在者"。"我"是个性，比"存在"更具首要意义，存在是范畴思维的结果。**个性先于存在**。这是人格主义的基础。存在是抽象思维的产物，而我的这只可爱的猫生存着。存在不拥有生存。存在概念之所以不能作为哲学的基础，是因为这个概念具有双重意义。存在既指主体也指谓词，既指主语也指谓语。索洛维约夫建议用**存在者**一词来表示生存的主体。但存在者与生存相关。本体论的诱惑，存在的诱惑成为人的奴役的根源之一。在这里，人的使命就是成为存在的奴隶，存在彻底地决定着他，相对于存在，他是不自由的，他的自由自身是由存在产生的。本体论可能成为对人的奴役。这里的基本问题就是存在与自由、存在与精神的关系问题。

应该在两种哲学之间作出选择：承认存在先于自由的哲学和承认自由先于存在的哲学。这个选择不可能仅仅由思维决定，它由完整的精神决定，即还由意志决定。人格主义应该承认自由先于存在。存在占首要地位的哲学是无个性的哲学。承认存在的绝对首要地位的本体论体系是决定论体系。凡是客体化的唯理智主义体系都是决定论体系。这样的哲学是从存在出发走向自由，自由成为被存在所决定的，即自由最终是必然的产物。存在成为理想的必然，在存在里不能有断裂，存在是连续的，是绝对的统一。然而，自由是不能从存在里导出的，自由根源于虚无，根源于无限，如果使用本体论术语说的话，自由根源于非存在。自由是没有基础的，不是由存在决定和产生的。没有连续的、不间断的存在。只有断裂、分裂、深渊、悖论，只有超越。正因为如此，才存在着自由，存在着个性。

---

① 《出埃及记》(3：14)，此处根据俄文《圣经》译出，参阅汉语《圣经》(和合本)："我是自有永有的。"——译者注

自由先于存在也就是精神先于存在。存在是静态的，精神是动态的。精神不是存在。不能对精神进行理智的思考，如同思考客体那样，精神是主体和主观性，是自由和创造行为。动态、积极性和创造与对存在的唯理智主义理解对立。无个性的、普遍的理性所认识的是无个性的、普遍的存在和与人的生存格格不入的客体。唯理智主义哲学总是反人格主义的，其实，活力论哲学也是如此。对个性和自由的认识与个性的理性相关，与意志和积极性相关。有这样两种观点发生冲突：（1）有一种不变的、永恒的和理性的存在秩序，这个秩序体现在社会秩序之中，但它不是由人创造的，人应该服从这个秩序；（2）被堕落污染的世界生命和社会生命的基础不是永恒的，不是从上边强加的，这些基础因人的积极性和创造性而发生改变。第一种观点奴役人，第二种观点解放人。本体论主义是无个性的认识，是无个性的真理。不存在作为真、善和正义的，预先规定的存在的和谐、整体的统一。古希腊人对待世界的观点建立在对整体的美学直观的基础上。但是在世界上存在着极化力量的对抗，因此不但有秩序，还有混乱，不但有和谐，还有不和谐。最深刻地理解这一点的是雅各布·伯麦。世界秩序、世界统一、世界和谐与逻辑规律相关，与自然界的规律相关，与国家法律相关，与"一般"的统治相关，与必然性的统治相关。这是堕落所产生的客体化。在另外一个世界里，在精神性的世界里，一切都是自由的，一切都是个体的，没有"一般"，没有必然的事物。世界是客体化的精神，即与自己格格不入的精神。可以更深刻地说：存在是异化和客体化，是把自由变成必然，把个别变成一般，把个性变成无个性，这是丧失了与人的生存相联系的理性的胜利。人的解放意味着精神向自己的返回，即向自由的返回。对黑格尔来说，精神也是自为地生存着的存在物。但是黑格尔没有理解，精神的客体化就是奴役。他没有理解个性，没有理解自由。其实，自由不是被认识的必然。在对客体化的理解上，叔本华比黑格尔更正确。但是，客体化不仅仅是意志的一定指向的产物，而且还是滞留在客体化世界里的不可克服的愿望的产物。

经历近代哲学的柏拉图主义发生了实质性的变化，这个变化既是恶化，也是改善。柏拉图的理念、观念（эйдосы）是类，柏拉图的艺术天才赋予它们以独特的生命。近代理性主义哲学把古希腊类的理念彻底地变成了概念。在黑格尔那里，世界是概念的辩证的自我展开，似乎概念能体验到情感。这一点恰好揭示了类概念的特征，揭露了它对思维构造的依赖性，对范畴思维的依赖性。唯心主义（等同于中世纪意义上的唯实论）不依赖于主体概念。近代哲学的贡献就在于，它揭示了主体在积极地构造客观世界。康德的贡献特别巨大，他为一种完全新的哲学思考之路清理了土壤，尽管他自己没有走上这条路。作为客体的存在，普遍——一般的存在是主体在其积极性的一定指向上的构造。存在原来就是生存的转移，即原初——实在的和具体的生存从主体深处转移到外化的客体的虚幻深处。这样，一般就成了最高的，而个别则成了最低的。然而，在主体的生存深处，个别是最高的，而一般是最低的。在个别马的身上什么是最重要的，最原初的？是马的理念，是它身上的一般，还是它身上的个别—不可重复的东西？这是个永恒的问题。在个别的马身上，只有个别—不可重复的东西才是最丰富和最完整的，而最主要的是，我们称为马身上的"一般"，它的马性则只是个别—不可重复的和个体的东西的质化。个别—不可重复的、单个的人在自身中也包含着普遍的人性，但人不是作为服从的部分而被包含在普遍人性之中。

同样，任何具体存在着的东西都比抽象的存在更丰富和更先在。存在的抽象的质，存在的谓词只是具体存在着的事物，个别事物的一个内在组成部分；存在的一般，普遍的一般，人的一般都处在具体人的个性之中，而不是相反。抽象的存在是构造性思维的产物，它没有任何内在生存。存在不在生存着，根据中世纪的术语，存在（essentia）不拥有生存（exisentia）。我们将其与存在相连的那个实在只是具体存在物和生存的内在特征和质，那个实在在这些具体存在物和生存之中，而不是相反。具体存在物的尊严，人的个性的尊严完全不是由其中的理想宇宙决定的（个性应该服从这个宇宙），而只是由具体的、个体—个性的生存决定，由宇宙内在地展开的个体—个性的形式决定。具体存在物，人的个性不服从任何"存在"。服从是奴性意识的产物。受"存在"的奴役是人最重要的奴役。认为人的意识在其人人都应遵守的因素中不是主观的，而是客观普遍的，或者如特鲁别茨科伊公爵所说，人的意识是"社会主义式的"意识，这都是错误的。在意识里发生的是客体化和对普遍的东西的服从，这是针对人的个性的外化。实际上，在自己的主观性方面，在普遍的质（不是外化的质，而是内在的质）在这个主观性里的展开方面，意识都是普遍的。

二

在柏拉图主义基础上产生一种社会哲学，它认为社会的理想基础是必然的规律性。在这种情况下发生的是对自然界规律和社会规律错误的绝对化，几乎是神圣化。这一点可以在施班 ① 的极端普遍主义中看到，在弱化的形式上，在弗兰克那里可以看到。在这里，

---

① 施班（Spann，1878—1956），奥地利哲学家、社会学家和经济学家。——译者注

60

哲学前提永远是存在先于自由，存在先于精神。同时，对自由的部分承认就意味着把自由从必然性中拯救出来，当然是指理想的必然性，也意味着服从自由。但是理想的必然性丝毫不比物质必然性更少与自由敌对。德国唯心主义不是自由的哲学，它企图成为自由的哲学。康德接近于与一切决定论对立的自由，因为他的哲学不是一元论的。谢林也曾企图提出自由问题，但是同一哲学对此不利。与自由完全对立的是黑格尔哲学，还有费希特哲学，尽管只是其哲学的一半如此。不理解自由就是不理解个性。

从柏拉图主义和德国唯心主义那里产生的思想流派不可能走向自由哲学。19 世纪法国哲学流派，缅因·德·比兰、雷诺维叶、拉维逊、列凯叶、拉雪里埃、布特鲁等等①，更有利于自由哲学。但应该深入探讨自由问题。自由哲学不是本体论哲学。本体论哲学最终应该走向封闭的决定论体系。思维所构造的存在，作为客体的存在，作为概念的存在，是决定的世界，不是物质和物理的决定，而是观念的决定。观念的决定是最无情的，同时，与物质决定不同，它赋予自己以高尚的特征。观念的决定对普遍主义进行外化和客体化。但这个普遍主义是人的自由的死敌，是个性的死敌。人格主义也是普遍主义，它彻底地区别于个人主义。但这不是外化到客体世界的普遍主义，不是客体世界把人变成服从的部分，而是内化的普遍主义，主体的普遍主义，处在个性自身深处的普遍主义。一切等级的社会普遍主义体系都是外化的普遍主义体系，这是转移到客体世界的体系。所以，外化的普遍主义使人受自己的奴役。这就是基本的

---

① 缅因·德·比兰（1766—1824），法国哲学家和政治活动家；雷诺维叶（1815—1903），法国哲学家；拉维逊（1813—1900），法国哲学家；列凯叶（1814—1862），法国哲学家；拉雪里埃（1832—1918），法国逻辑学家和哲学家；布特鲁（1845—1921），法国哲学家。——译者注

对抗。本体论的存在是自然主义地被思考的物、自然界、本质，但不是存在物，不是个性，不是精神，不是自由。从上帝到一只小甲虫的等级秩序是事物和抽象本质的压制人的秩序。它是压制和奴役的秩序，无论是观念的秩序，还是实在的秩序，其中都没有个性的位置。个性在存在之外，它与存在对立。一切个性的东西，真正生存的东西，以及真正的实在，它们所拥有的都不是共同的表象，其原则就是不相像。技术化、机械化所确立的是所有事物的类似性，这是非个性化的客体化的极限之一。

作为不变秩序的王国，作为抽象——一般的王国，抽象的存在观念永远是对人的自由创造精神的奴役。精神不服从存在秩序，精神能突破到存在秩序之中，打断这个秩序，因此可以改变它。个性的生存就与这个精神自由相关。个性生存要求把存在看作是某种次要的东西。奴役的根源是作为客体的存在，是外化的存在，不管它在理性的形式里，还是在活力论的形式里。作为主体的存在完全是另外一种东西，因此应该换个方式称呼它。作为主体的存在是个性的生存，是自由，是精神。有人对神正论问题可能有十分强烈的体验，比如我们可以在陀思妥耶夫斯基身上看到这种体验，在其关于小孩子一滴眼泪的辩证法里，关于退回进入世界和谐的入场券的辩证法里。对神正论问题的强烈体验是对存在观念的反抗，这个存在观念是普遍——一般的王国，是压制个性生存的世界和谐。这个反抗以另外一种方式出现在克尔凯郭尔那里。在这个反抗里包含着永恒的真理，即个别的个性及其命运是比世界秩序、整体和谐、抽象存在更大的价值。这也是基督教的真理。基督教根本不是古希腊意义上的本体论主义。基督教是人格主义。个性反抗世界秩序，反抗作为一般王国的存在，在这个反抗里，个性与作为个性的上帝结合，而根本不是与一切统一结合，不是与抽象的存在结合。上帝在个性的一边，而不在世界秩序和一切统一的一边。所谓对上帝存在的本体论证明只是抽象思维的游戏。一切统一的观念，世界和谐的观念根本不是基督教的观念。基督教是悲剧性的，反一元论的，它面向个性。上帝没有创造任何世界秩序，在自己的创造中上帝不受任何存在限制。上帝创造的只是存在之物，他创造个性，把个性创造成任务，这些任务只有靠自由才能完成。我将在下一章谈论这个问题。真理不在概念的形而上学一边，不在与存在相关的本体论一边，真理在精神认识一边，精神认识与具体的精神生命相关，它用象征来表达自己，而不是用概念。神秘主义企图成为不用概念表达的认识，但是，它总有一个敌视个性的一元论趋势。神秘主义可能被虚假的形而上学给浸染。真理只在人格主义的、悲剧的神秘主义和哲学一边。在自己的顶峰，真理应该是生命的象征，精神之路的象征，而不是概念和观念体系，这些概念和观念可以上升到最高的存在观念。在自己的精神道路上，在自己的认识道路上，人所面对的不是存在，因为存在根本不是先在的，并已经意味着理性化，人所面对的是作为生存秘密的真理。人所面对的也不是抽象真理，而是作为道路和生命的**真理**。"我就是真理、道路和生命。"[①] 这意味着真理是具体的个性，是它的道路和生命，真理是最高层次上的动态的，而不是以完成和僵化的形式给定的。真理不是教条主义的。真理只在创造行为中给定。真理不是存在，而存在也不是真理。真理是生命，是存在者的生存。只有存在者是生存着的。存在只是生命的沉淀和僵化的部分，这种生命已经被抛向客体。存在问题与上帝问题密不可分。

---

① 《约翰福音》(14：6)，此处根据别尔嘉耶夫原文译出，试比较和合本《圣经》："我就是道路、真理、生命。"——译者注

在这里，威胁着人的是另外一种形式的奴役。

第二节　上帝与自由

人受上帝的奴役

一

　　必须在上帝和人关于上帝的观念之间，在作为存在物的上帝和作为客体的上帝之间作出严格区分。在上帝和人之间有人的意识，以及这个意识的有限状态的外化和投影，还有客体化。客体化的上帝是人奴隶般地敬拜的对象。但是悖论就在于，客体化的上帝是与人格格不入的、统治人的上帝，与此同时，这是人的局限性制造的上帝，而这个上帝就反映着这个局限性。人仿佛陷入到自己的外化和客体化的奴役当中。在这方面，费尔巴哈是正确的，尽管这个正确性还根本不能解决上帝问题。他认为，人按照自己的形象和样式创造上帝，不但把自己形象中最好的东西加给上帝，而且把其中最坏的东西也加给上帝。在向人的意识显现的上帝身上留下了类人观和类社会观的痕迹。人关于上帝的观念的类社会观对我们的主题而言特别重要。在人关于上帝的观念里反映着人们的社会关系，反映着奴役与统治的关系，在人类历史中充满了这样的关系。认识上帝要求不断的净化，首先要排除奴性的类社会观。人们把从社会生活中拿来的主人和奴隶之间的关系转移到上帝和人的关系上来。当人们说，上帝是主人，而人是奴隶，那么他们就是按照类社会性的方式思考上帝和人的关系。然而，在上帝里，在上帝与世界和人的关系中，没有任何与人们的社会关系类似的东西，人的卑劣的统治范畴不适合上帝。上帝不是主人，也不进行统治。上帝没有任何权力，**他**没有强力意志，不要求受束缚之人的奴隶般崇拜。上帝是自由，是解放者，而不是主人。上帝给人以自由的感觉，而不是服从地位的感觉。上帝是精神，精神不承认统治与奴役的关系。对上帝的思考，既不能根据社会里所发生的事情，也不能根据自然界里所发生的事情。针对上帝，不能决定论地思考，上帝不决定任何东西，也不能用因果关系思考**他**，因为**他**不是任何事物的原因。在这里，我们所面临的是**奥秘**，下面的任何类比都不适合这个**奥秘**：和必然性的类比，和因果关系的类比，和统治的类比，和自然现象中的因果关系的类比，和社会现象中的统治关系的类比。在这里，只能与精神的自由生命进行类比。上帝根本不是世界的原因，**他**根本不是作为必然性而作用于人的灵魂；**他**根本不进行类似于人们社会生活中的审判，**他**根本不是主人，不是世界和人的生活中的权力。所有这些类社会观和类宇宙观的范畴都不能用于上帝。上帝是**奥秘**，但是人可以向这个**奥秘**超越，可以参与这个**奥秘**。人类偶像崇拜的最后一个避难所是对上帝的虚假的、奴性的理解，是对上帝的奴性的、肯定的认识。不是上帝奴役了人，上帝是解放者，是神学奴役了人，是神学的诱惑奴役了人。在这里，对待上帝的态度上的偶像崇拜是可能的。人们之间奴性的社会关系被转移到人和上帝之间的关系上来。上帝被理解成具有客体化世界所有性质的客体，这个上帝成了奴役的根源。作为客体的上帝只是最高的、绝对化的、具有决定作用的自然力量，或者是最高的、绝对化的统治力量。在自然界里是决定的东西，在社会里就是统治。然而，作为主体的上帝，作为存在于一切客体化之外的上帝，是爱和自由，而不是决定，也不是统治。上帝自己就是自由，并只赋予自由。邓斯·司各脱在保卫上帝的自由时是正确的，但是他从上帝的自由里作出了错误的和奴性的结论，他认为上帝是无限的统治者。不能创造任何关于上帝的概念，而且最不适合上帝的概念就是存在，存在概念总是意味着决定论，永远是理性化。关于上帝的思考只能是象征性的。正确的是否定神学，而不是肯定神学，但这个正确性只是部分的。这并不意味着上帝是不可认识的，比如像在斯宾塞那里一样。与上帝可以相遇和交往，也可以发生悲剧性的斗争。这是个性间的相遇、交往和斗争，在个性之间既没有决定和因果关系，也没有统治和服从。唯一正确的宗教神话，不是关于上帝是主人，**他**追求统治，而是关于上帝思念自己的他者，渴望回应的爱，等待人的创造的回应。关于上帝的族长式观念依赖于社会的类的关系，并反映这些关系。在人类认识上帝的历史中，人们常常把魔鬼当作上帝。

在奴性的神学学说里总是有对精神的外化。精神的外化经常是从内在的精神体验偏离到抽象思维领域。精神永远是主观性，超越就发生在这个主观性之中。意识的客体化指向则转移到另外的领域。客体化是一种对超验事物的不真实的获得。正是客体化的超验的东西让人滞留在意识的内在性之中。客体化的意识仍然停留在内在性的封闭圈子里，无论它怎样肯定超验事物的客观性。这一点正好最清楚地确证一个悖论，如果使用过时的术语来表述的话就是：客观事物是主观的，主观事物是客观的。**绝对**概念是客体化的抽象思维的极限。在**绝对**里已经不再有生存的任何标志，不再有生命的任何标志。**绝对**与其说属于宗教启示，不如说属于宗教哲学和神学，**绝对**是思维的产物。抽象的**绝对**和抽象存在具有同样的命运，抽象存在与非存在没有任何区别。不能向**绝对**祷告，与**绝对**不可能有戏剧性的相遇。我们把和他者没有关系，不需要他者的东西称为**绝对**。

绝对不是存在物，不是个性，因为个性永远要求走出自己，与他者相遇。启示的上帝，《圣经》里的上帝不是**绝对**，在这个上帝里有充满矛盾的生命和运动，有与他者、人和世界的关系。人们通过亚里士多德哲学把《圣经》里的上帝变成纯粹行为，并从中排除一切内在运动，一切悲剧原则。**绝对**不可能走出自己，去创造世界，不能把运动和变化附加给**绝对**。爱克哈特和神秘主义者们的元神（Cottheit）不是作为抽象的极限**绝对**，而是极端的**奥秘**，任何范畴都不适合于这个**奥秘**。然而，关于这个**奥秘**，不能说它创造了世界，并与世界处在相互关系之中。上帝不是**绝对**，上帝与被造物、世界和人相对应，与上帝发生的是爱的自由的戏剧。但是，更深刻地，在一切思维之外，在精神体验之内，有一种不可认识的神性，哲学不完全地、理性地称之为**绝对**。当企图把上帝**自身**，启示的上帝，而不是隐藏着的上帝，理解为**绝对**时，就获得了对上帝的君主式理解，这个理解是神学诱惑和奴役的根源。基督教不是作为专制君主的上帝的启示，关于牺牲、受难和被钉死的上帝之子的基督教启示预先排除了这个君主的上帝。上帝不是专制君主，上帝是与世界和人一起受苦的上帝，是被钉死的**爱**，是解放者。解放者没有呈现为权力，而是呈现为受难。救赎者是解放者，而不是就所犯罪行同上帝进行清算。上帝是作为**人性**而被显示的。上帝的主要性质是人性，根本不是全能、全知等等，而是人性、自由、爱和牺牲。必须使上帝的观念摆脱歪曲的、贬低的、亵渎神明的类社会观。人自己才是极其无人性的，人歪曲自己的形象，上帝是有人性的，并要求人性。人性就是人身上上帝的形象。应该使神学摆脱反映人和世界堕落的社会学。否定神学应该同否定的社会学并肩前行。这就意味着对上帝的认识要摆脱人间的所有神权政治。正是对上帝的专制—君主式理解才产生了无神论，无神论是一种合理的反抗。对神的认识中的辩证因素不是庸俗—凶恶的无神论，而是高尚的、多灾多难的无神论，它有肯定的使命，其中实现了对上帝观念的净化，使这个观念摆脱了虚假的类社会观，摆脱了人的非人性，这个非人性已经被客体化并转移到超验领域。费尔巴哈的正确性不针对上帝，而是针对上帝的观念。与此相关的是神正论问题，这是人类意识和良心最痛苦的问题。这是关于人和整个被造物的奴役问题。

二

　　无神论唯一严肃的原因与对世界上恶和痛苦的折磨人的体验相关，由此，人们才提出了对上帝进行证明的问题。世界上充满着恶和痛苦，这曾经使马西昂 [①] 感到震惊，因为世界是由上帝创造的，而这个上帝被赋予了全能和全善。马西昂对这个问题的解决是错误的，但他的主题是永恒的，而且揭露他的那些人也根本没有解决这个主题。也许，再没有谁能像陀思妥耶夫斯基那样尖锐地提出作为神正论问题的痛苦问题，谁也没有像他那样有力地揭示这个问题的内在辩证法。当然，这里所说的不是类似于黑格尔的唯理智论的辩证法，而是类似于克尔凯郭尔的生存辩证法。伊万·卡拉马佐夫说 [②]，他不是不接受上帝，而是不接受上帝的世界。任何世界和谐，世界秩序都是不能容忍的，只要其中还有不公正的痛苦，哪怕是一个存在物的痛苦，只要其中还有痛苦的小孩的一滴眼泪。因此，世界和谐的入场券应该被退回。如果世界的基础是不公正的痛苦，那么就不应该创造这个世界。可是，世界上却充满着不公正的痛苦、

----

① 马西昂（约110—约160），早期基督教神学家，诺斯替教马西昂派创始人。——译者注
② 伊万·卡拉马佐夫，陀思妥耶夫斯基小说《卡拉马佐夫兄弟》的主人公。——译者注

眼泪和没有被救赎的恶。那些起来反抗世界之恶和痛苦，并企图建立更好的、更公正和更幸福的世界的人，自己却制造了无数的痛苦，制造了新形式的恶。人在其对痛苦和不公正的反抗中，很容易被对人类的"马拉特式的"① 爱渗透，并呼喊："自由，或者死亡！"别林斯基预先想到了陀思妥耶夫斯基的辩证法，伊万·卡拉马佐夫经常几乎是逐字逐句地重复别林斯基给博特金的信。② 在别林斯基身上已经展示了人的个性与世界和谐之间生存辩证法的全部矛盾：反抗一般、普遍对人的个性的统治，以及人的个性对新的一般和普遍的服从，还有为了这个新的一般和普遍准备砍掉成千上万个个性的人的头颅。我们所面临的问题是两类个性的关系问题，这就是不可重复的、个别的个性，它是生存的中心，并拥有感受痛苦和喜悦的感官，另外一种个性是受统一的命运、世界秩序与世界和谐束缚的个性。在大多数神学学说里对这个问题的解决都是再可怜不过的了，要知道这个问题就是神正论问题。所有这些神学学说在某种程度上都是建立在普遍——一般对个别—奇异的统治原则基础上。在普遍——一般里，在世界秩序里，在世界和谐里，获得胜利的是公正、理性、善、美，而不公正、疯狂、痛苦、丑陋只存在于那些不愿意服从整体的部分里。圣奥古斯丁就表述过这个对整体和谐的非基督教的，古希腊、罗马的观点，这个观点为与部分相关的恶作了证明。世界秩序与世界和谐的观念自身有什么价值，它什么时候补偿过个性痛苦的不公正性？整体和谐、世界秩序的观念是人的奴役的根源，这就是客体化对人的生存的统治。所谓的世界秩序以及所谓的世界整体的和谐，都不是上帝创造的。上帝根本不是世界秩序的建立者，不是

---

① 马拉特（又译马拉，1743—1793），法国作家和政治活动家。——译者注
② 博特金（1811/1812—1869），俄罗斯文学批评家和作家。——译者注

世界整体的管理者，上帝是人的生存的意义。世界秩序压制部分，把个性变成手段，它是客体化的产物，就是人的生存的异化和外化的产物，而不是上帝的造物。整体、世界秩序不能证明任何东西，相反，整体应该受到审判，它才需要证明。世界秩序、整体和谐等，没有任何生存的意义，这是决定论王国，自由永远与这个王国对立。上帝永远在自由里，从来不在必然之中，永远在个性里，从来不在世界整体之中。上帝不在世界秩序之中发挥作用（这个秩序似乎能够补偿个性的痛苦），而是在个性的斗争中，在自由与这个世界秩序对抗的斗争中发挥作用。上帝创造了具体的存在物、个性、创造性的生存中心，而不是世界秩序，这个秩序标志着这些具体存在物的堕落，标志着它们被抛向外部的客体化领域。我们应该说出和人们总在说的相反的结论，即：神性在"部分"中显现，从来不在"整体"中显现，在个体里显现，从来不在一般中显现。神性不在世界秩序里显现，世界秩序与上帝无任何共性，而在受苦的个性对世界秩序的反抗中显现，在自由对必然的反抗中显现。上帝在流出一滴泪水的小孩身上，而不在世界秩序中，人们用世界秩序补偿这滴泪水。整个世界秩序及其普遍——一般、非个性的王国都将走向终结并毁灭，而所有具体的存在物，首先是人的个性，但也包括动物、植物和自然界中一切拥有个体生存的东西，都将获得永恒。此世所有王国，所有"一般"的，残害个体——个性的王国都将彻底毁灭。

世界和谐是个错误的和奴役人的观念，为了个性的尊严应该摆脱这个观念。世界和谐也是不和谐和无秩序，世界理性的王国也是非理性和疯狂的王国。（只有）虚伪的唯美主义才能看到世界和谐。但是，这个世界和谐的代价实在太高了。陀思妥耶夫斯基在到处批判世界和谐，这是他身上最具基督教特色的东西。理性神学不但建

第二章

立错误的神正论，实际上这个神正论证明的不是上帝，而是无神论，而且它还建立了神在世界上的天意的错误学说。其实，世界并不处在神的天意在世界上发挥作用的乐观主义学说所证明的那个状态里。如果一切来自上帝，一切都被上帝用于善事，如果上帝也在瘟疫里，在霍乱里，在宗教裁判所里，在酷刑里，在战争里，在奴役里发挥作用，如果详细彻底地思考下去的话，这一切应该导致否定世界上恶和不公正的存在。神在世界上的天意无论如何只能想象成无法解释的秘密，但神的天意却遭到神学学说的理性化，这永远是侮辱性的，无论对上帝的尊严，还是对人的尊严。在这种情况下，上帝永远是专制君主，这个君主利用世界上一切部分、一切个体，为的是建立一般的世界秩序，为上帝的荣耀而管理整体。这就是对世界的部分中所有不公正、恶和痛苦的辩解。上帝不是庇护世界的神，即不是世界的统治者、支配者、全能者（Pantocratos），上帝是自由和意义，是爱和牺牲，是反抗客体化世界秩序的斗争。有一次我的一个朋友对我说，莱布尼茨是思想史上最可怕的悲观主义者。莱布尼茨认为，这个世界是可能世界中最好的。但是，如果所有可能世界中最好的一个是如此可怕，那么，这样的学说就太悲观了。世界秩序的乐观主义是对人的奴役。摆脱奴役就是摆脱压制人的世界秩序的观念，世界秩序是客体化的产物，即堕落的产物。关于上帝国到来的福音与世界秩序对立，这个福音意味着建立在一般王国基础上的虚伪和谐的结束。神正论问题不可能由客体化世界秩序中的客体化思维解决，这个问题只能在生存的意义上获得解决，在这里，上帝是作为自由、爱和牺牲而被启示的，上帝与人一起受难，与人一起反抗世界的谎言，反抗世界的无法忍受的痛苦。不需要，也不应该借助作为主宰和统治者的上帝观念来为世界上所有的不幸、痛苦

71

和恶辩护。这是令人不快的。为自由、公正和照耀生存而进行斗争，就需要转向上帝。

三

所有宗教的正统派总是严厉地揭露和迫害泛神论倾向。有人指责神秘主义者有泛神论倾向，这是因为他们不理解神秘主义者语言的悖论性。众所周知，天主教神学家特别害怕泛神论。只是他们无法理解这样一点，如果泛神论是异端，那么这个异端首先是针对人和人的自由，而不是针对上帝。当我说"异端"一词时，我用的不是自己的语言。然而，令人惊讶的是，那些最正统的教义公式和最正统的神学学说却都包含着奴役人的泛神论成分。上帝是一切中的一切，上帝把一切都控制在自己手里，支配一切，只有上帝才是真正的存在，人和世界则是虚无，只有上帝才是自由的，人则不拥有真正的自由，只有上帝在创造，人则没有能力创造，一切都来自上帝。所有这些观点都是正统派经常说的。贬低人的极端形式，把人看作是微不足道的东西，和肯定人的神性，认为人是神的流溢，同样都是泛神论，同样也都是一元论。为了不出现泛神论和一元论，必须承认人的独立性，承认人身上非被造的自由，这个自由不是由上帝决定的，必须承认人有创造的能力。理性化的正统神学体系最怕的就是这一点。在宗教思想史上，泛神论倾向是双重性的，一方面，它意味着使人摆脱专横的、外化的超验性，避免把上帝理解为客体；但另一方面，它还意味着对人的奴役，对个性和自由的否定，意味着承认上帝才是唯一有效的力量。这是因为对上帝的任何思考都将产生矛盾。因此，对上帝的思考只能是生存的精神体验的象征，但不可能是客体化。无论是极端的二元论超验论形式的客体化，还是极端的一元论内在论形式的客体化，同样都具有奴役人的特征，都与人和上帝相遇的生存体验矛盾。但是，二元论因素不应该变成二元论的客观本体论，这个二元论因素是完全不可避免的，自由和斗争需要这个因素。上帝不是一切统一，像索洛维约夫教导的那样，还有其他许多宗教哲学家都这样教导。一切统一的观念诱惑着哲学理性，它是关于上帝的抽象观念，是客体化思维的产物。在一切统一里没有任何生存性。不可能和一切统一相遇，不可能与其有对话和对话式的斗争。作为一切统一的上帝，是决定论的上帝，这个上帝排斥自由。在这里，上帝被思考成自然界，思考成无所不包的力量，而不是自由，不是个性。统一的观念自身是个错误的观念，就其结果看是个奴役人的观念，是与人格主义对立的观念。只有在客体化世界里，统一对我们来说才是最高状态。分裂的、遭受混乱和瓦解的世界同时还被强迫地联结着，被迫服从必然性，人们还打算在这个世界背后寻找道德世界秩序上的统一。但这只是堕落的、寻找补偿的世界的投影。实际上，生存的最高世界不是统一的世界，而是创造自由的世界。可以这样说，上帝的国根本不是客观的统一，只有无神的世界才需要客观的统一，只有无神论王国才需要这样的统一，而上帝的国首先是人格主义的，是个性和自由的王国，它不是凌驾于个性生存之上的统一，而是在爱中的结合与交往。应该否定地思考上帝的国，统一标志着肯定的思维。一切统一的观念只是绝对观念的另外一种形式，因此应该遭到同样的批判。不能把克服一与多的对立思考成一切统一。一与多，普遍与特殊在基督的个性中结合的秘密根本不能在"基督是一切统一"这个说法里表达出来。我们已经说过，宇宙在个性里给定，但是在潜在的形式里给定的。在基督的个性里，宇宙被实在化了。在这里没有任何对个性生存的抽象，没有客体化。不但"统一"，而且就是"一切"也不能很好地表达我们所面临的秘密。"一切"根本没有实在的生存。"一切"在抽象思维之外是不存在的。不存在整体、一般，它们是思维的虚幻的产物。

不能把教会意识思考成在个性之外和凌驾于个性之上的统一和整体。教会是有机体的思想是简单的生物学类比，这个类比不可能获得彻底的思考。在《圣经》里，生物学的象征也是相对的，这和律法的象征是一样的。这是语言的局限性问题。把教会看作是超个性的整体，它有自己的生存中心，有自己的核心意识，这样的教会完全是不可思议的。这是对在基督里的生存共性与交往的虚幻的客体化。教会和聚和性意识的生存中心处在每一个个性和基督的个性之中，就是在基督的神人个性之中，但不在某个集体之中，不在某个体现着一切统一的有机体之中。教会作为社会建制存在，但是在自己的这个方面，教会属于客体化世界。教会存在的所有矛盾都与此相关。教会应该解放人，但它却常常奴役人。宗教的奴役，受上帝的奴役以及受教会的奴役，即受奴性的上帝观念和奴性的教会观念的奴役，是最沉重的奴役形式，是人受奴役的根源之一。这是受客体、一般的奴役，也是受外在性的奴役，是受异化的奴役。所以，神秘主义者们教导说，人也应该放弃上帝。这是人的路。宗教史教导我们，为众神献祭是社会行为，它标志着人还在受奴役。只有基督呼吁摆脱这个奴役，在基督教里祭品获得了另外的含义。但是，与古老恐惧相关的对神的奴性崇拜的因素进入客体化和社会化的基督教里。甚至那些教导上帝是一切统一的哲学家们也没有摆脱奴性崇拜，尽管他们觉得自己已经摆脱了奴役。罗马人关于宗教的概念渗透着有益性的色彩，这个观念也转移到作为社会化宗教的基督教。

对上帝的奴性态度甚至进入到对上帝无限的理解之中，有限的人消失在这个无限里。然而，上帝的无限与此世的无限不同。上帝的无限意味着生命的现实完满，人渴望这个完满，但完全不意味着对有限的人的压制。人受自然界的奴役，受宇宙的奴役与人受作为客体的上帝的奴役之间的区分常常是难以觉察的。尼采的查拉图斯特拉说："上帝已死，出于对人的同情，上帝死了。"

第三节　自然与自由

宇宙的诱惑以及人受自然的奴役

一

人受存在和上帝的奴役，这个事实的存在自身可能引起怀疑和反驳。但是，所有人都同意，人受自然的奴役是存在的。要知道，战胜自然界的奴役和战胜自然界自发力量的奴役是文明的基本主题。人，集体的人在同奴役他和威胁他的自发的自然界斗争，使其周围的自然环境人化，他制造斗争的武器，这些武器位于我们和自然界之间。于是，人就进入到技术、文明和理性的致命的现实，并让自己的命运依赖于它们。然而，人永远也无法彻底摆脱自然界的统治，他还周期性地要求返回自然界，以摆脱令他窒息的技术文明。我所感兴趣的不是这个相对比较简单的问题，人们就这个问题所写的书不计其数。"自然界"是一个意义丰富的词。在 19 世纪的意识里，"自然界"一词开始指的首先是数学自然科学和技术作用的客体。这意味着古希腊罗马和中世纪意义上的宇宙消失了。这是从笛卡尔开始的。帕斯卡尔面对广阔无垠的空间所产生的恐惧就与此相关，因为空间对人及其命运完全是冷淡的。人再也感觉不到自己是宇宙等级有机体的一个有机部分，那种感觉曾经使人有一种有机的、温暖的感受。于是，人开始斗争，他更加接近自然界，同时却更远离自然界的内在生命。他开始越来越丧失与自然界生命一致的生命节奏。对什么是自然界这个问题，旧的神学理解与自然和超自然、自然和恩赐的区分相关。从这个观点出发，自然和文化的区分完全是自然意义上的。我将使用的"自然界"一词，不是在与文化、文明或超自然、恩赐对立的意义上，不是在旧意义上的宇宙或上帝造物的意义上，也不是在与心灵有别的完全是空间物质世界的意义上。对我来说，自然首先是与自由对立的，自然的秩序区别于自由的秩序。在这个意义上，康德的思想具有永不过时的意义，尽管他自己没有从这个思想里作出应有的结论。如果自然指的是与自由的对立，那么，自然因此就与个性对立，与精神对立。自由意味着精神，个性意味着精神。基本的二元论不是自然和超自然的二元论，不是物质和心理的二元论，也不是自然和文明的二元论，而是自然和自由、自然和精神、自然和个性、客体性和主体性的二元论。在这个意义上，自然界就是客体化的世界，即异化、被决定和无个性的世界。在这里，我所理解的自然界不是动物，不是植物，不是矿物，不是星辰，不是森林和海洋，所有这些东西都拥有内在的生存，因此属于生存领域，而不属于客体化领域。关于人和宇宙生命的交往问题已经超出了把自然当作客体化这个对自然界的理解。人受自然的奴役就是受这个客体化的奴役，受这个异化和决定的奴役。个性闯入自然的决定论生命的循环之中，是作为从另外一个秩序，从自由的王国，从精神王国来的力量。在个性里有自然的基础，这些基础和宇宙循环相关。但是，人身上的个性拥有另外的来源和质，它总是

76

意味着与自然必然性的分裂。个性是人对自然的奴役的反抗。在经验上，这个反抗只是部分地成功，因为人很容易再度陷入奴役，有时甚至对这个奴役进行理想化。人甚至以为社会是对永恒自然的反映，这个社会当然不是自然。他认为这个自然性，这个决定性是社会的理想基础。精神和精神生命却被自然主义地理解为自然，自然的决定论被引入精神生命之中。

涅斯梅洛夫说，堕落正是在于对物质果实（苹果）的迷信—巫术的态度，吃这些果实应该获得知识。[1] 这些人 [2] 使自己服从了外部自然界。这就意味着堕落无非就是对自由的否定。人变成自然界的一部分。然而，正如我们不止一次地说过的那样，人就自己的形象而言，作为个性的人，不是自然界的一部分，他在自身中携带着上帝的形象。在人身上有自然的因素，但人不是自然界。人是微观宇宙，因此人不是宇宙的部分。在自然界里占统治地位的是因果联系。但个性是因果联系的断裂。这样，自然界的因果联系变成了有意义的精神联系。因果联系可能是无意义的。不过，即使是自然王国也不意味着连续和不间断的必然性和因果性的王国。在自然界里也有间断，有偶然性。对规律的统计学理解限制了决定论对自然界的统治。人们不再对因果性和规律进行实在化。规律性只是给定的力量系统里的对比关系。自然界是决定论的秩序，但这不是封闭的秩序，另外一个秩序上的力量可以闯入这个秩序，并改变其中规律的结果。自然界是展开着的秩序。然而，宗教哲学常常意味着对受"自然界"奴役的意识合法化，尽管这个自然界不是被理解为物质的。无论精

---

[1] 参见涅斯梅洛夫：《人的科学》第二卷，《生命的形而上学和基督教启示》，见《俄罗斯宗教人学著作选集》（俄文），两卷本，莫斯科1997年俄文版，第195—198页。——译者注

[2] 这些人指亚当和夏娃。——译者注

神还是上帝都可能被自然主义地理解，这时，它们就奴役人。自然界，"此世"及其沉重的环境，完全不等同于充满存在物的所谓的宇宙和宇宙生命。"世界"是存在物的受奴役和受限制性，不但针对人，而且还有动物、植物，甚至矿物和星辰。正是这个世界应该被个性破坏，应该摆脱自己的受奴役地位和奴役人的状态。世界的被奴役性和奴役人的状态，自然界的决定论，都是客体化的产物。在这个世界里，一切都变成了客体，而客体永远意味着是从外部的决定，意味着异化和向外抛，意味着无个性。人受自然的奴役，这和任何奴役一样，实际上都是受客体性的奴役。作为客体而被奴役的自然界就是从外部被决定的自然界，是非人格化的、压制内在生存的自然界。作为主体的自然界则是宇宙的内在生存，是宇宙的生存性，因此就是自由。主观性可以向客观性突破，自由可以向必然性突破，个性可以向一般的王国突破。这时发生的就是解放过程。物质永远意味着依赖性，从外面的被决定性。所以，物质永远是客体。作为主体的物质已经不再是物质，而是内在的生存。人的奴役将随着物质性的增长而增长。奴役就是物化。物质靠自己沉重的负担压制人，其中除了客体性之外什么也没有。物质性就是客体化，是生存的物化。解放则是向内在生存的返回，向主体性、个性、自由、精神的返回。解放就是精神化，而物质性就是奴役。人受永恒性①、物质必然性的奴役是奴役的粗俗形式，这个形式最容易被展现出来。更精致和更难以觉察的受自然奴役的形式具有更大的意义。这就是我所谓的宇宙的诱惑，这个诱惑可以采取十分精神化的形式，这些形式离物质决定论十分遥远。受自然的奴役是宇宙的诱惑，它可能成为

---

① 原文如此。根据上下文，此处应为"物质性"。——译者注

第二章

一种精神现象。

二

存在着人受自然奴役的简单形式，人不会有意识地认同这些奴役。自然界的必然性对人的暴力，以及自然界的必然性在人之外和在人之内的暴力就是如此。这是受所谓自然界"规律"的奴役，人靠自己的科学认识发现和构造这些规律。人通过认识自然界的必然性来与这个必然性的暴力进行斗争，也许，下面的结论只有在这里才是适用的，即自由是必然的结果，是对必然的意识和认识。人对自然界的技术统治就与此相关。在技术统治里人获得解放，部分地摆脱自然界自发力量的奴役，但他很容易陷入自己创造的技术的奴役。技术和机器具有宇宙演化学的特征，并意味着仿佛是出现了新的自然界，人就处在这个新自然界的统治之下。精神在自己的斗争中创造关于自然界的科学知识，精神在制造技术，在外化，在客体化，因此就陷入对自己的外化和客体化的奴性依赖之中。这是精神的辩证法，是生存的辩证法。然而，还存在着更精致形式的宇宙诱惑和奴役，人对它们给予认同，而且准备狂热地体验这些诱惑和奴役。人在同以决定论和规律性为基础的自然界进行斗争。但是，他对宇宙，对他所谓的世界和谐、世界整体、统一和秩序却持另外一种态度。他认为这是对神性和谐与秩序的反映，是世界的理想基础。宇宙诱惑有不同的形式。这个诱惑可能采取爱欲—性的诱惑形式（罗赞诺夫，劳伦斯）[1]，可能采取国家—民族的诱惑形式（民粹派神秘主义），可能采取大地崇拜的诱惑以及血缘、种族、类的生命的诱

---

① 罗赞诺夫（1856—1919），俄罗斯作家，宗教哲学家；劳伦斯（1885—1930），英国作家。——译者注

惑形式（回归大地，种族主义），可能采取集体—社会的诱惑形式（集体主义的神秘主义）。各种不同形式的狄奥尼索斯主义也意味着宇宙诱惑。宇宙诱惑就是渴望和宇宙的母亲怀抱结合，和大地—母亲结合，和昏暗的自然本性结合，这个本性已经摆脱个性生存的痛苦和有限性的局限，或者是渴望和无个性的集体主义结合，与民族的和社会的集体主义结合，这种集体主义已经克服了单独的和个体的生存。这永远是意识的外化。受文明习俗及其奴役人的规范和规则压迫的人有一种周期性地向原初生命、宇宙生命返回的渴望，他不但渴望获得和宇宙生命的交往，而且渴望获得与它的结合，渴望参与宇宙生命的秘密，渴望在这里找到快乐和狂喜。浪漫主义者总是要求返回到自然界，摆脱理性的统治，摆脱文明的奴役人的规范。浪漫主义者的"自然界"从来不是自然科学认识和技术作用的自然界，不是必然性和规律性的"自然界"。自然界在卢梭那里有完全另外一种意义，托尔斯泰的自然界也有另外的意义。在这里，自然界是神圣的，令人愉快的，它给病态和分裂的文明人带来医治。这个激情具有永恒的意义，人将周期性地被它所感染。但是，这里表现出来的对待自然界—宇宙的态度建立在意识的错觉基础上。人想战胜客体化，收回被外化和异化的自然界，但是他却没有能够现实地，在生存的意义上达到这个目的。他在宇宙的自由里寻找对自然界必然性的摆脱。和宇宙生命的结合被认为是自由的生命，自由的呼吸。在同自然界必然性的斗争中，人创造了文明，但是文明的空气却令人窒息，文明的规范不能赋予运动的自由。在对和宇宙内在生命交往的渴望中包含着巨大的真理，但这个真理针对生存意义上的宇宙，而不是针对客体化的宇宙。客体化的宇宙就是自然界及其决定性。宇宙的诱惑通常是指与世界灵魂结合的渴望。对世界灵魂存在的信仰是浪漫主义的信仰。这个信仰一般都建立在柏拉图主义哲学基础上。然而，作为世界统一与和谐的宇宙的存在，世界灵魂的存在，都是被客体化所奴役和伤害的意识的错觉。

不存在宇宙的等级上的统一，相对于这样的统一，个性将是部分。不能诉诸自然界的整体而去抱怨其部分的无序。整体位于精神之中，而不在自然界里。只能诉诸上帝，而不是世界灵魂，不是作为整体的宇宙。世界灵魂和宇宙整体的观念没有生存的意义。关于自然界的科学和世界整体、宇宙统一体也没有关系，这些科学所认识的只是自然界的部分，因此它们不利于对待宇宙的乐观主义观点。现代物理学同样否定古希腊罗马意义上的宇宙以及旧的决定论唯物主义，至于说世界是部分的，不存在作为整体和统一体的世界，这和现代物理学中的革命完全一致。只能在没有与自己发生异化的，没有被客体化的精神里寻找整体和统一。在这里，整体和统一将获得另外的含义，而且也不意味着对"部分"、多和个性的压迫。对世界过程的目的论理解同样与个性和自由的哲学相矛盾。起来反抗客观目的论的，不但有决定论，对自然现象的因果解释，而且还有自由。宇宙过程的客体目的论与人的自由，与人的个性和创造发生冲突，实际上这个目的论意味着观念的、唯灵论的决定论。客体化世界根本不是合目的的，或准确地说，其合目的性只是部分的，并内在于世界一定部分里发生的过程，但在这些部分的冲突和相互作用中并不存在这个合目的性，在整体里也没有这个合目的性，因为整体是不存在的。客体化世界的无限性不可能是宇宙整体。偶然性在世界生命里发挥着巨大的作用。偶然性不只是意味着无知。如果发生行星的碰撞，其结果将是宇宙破坏，即破坏宇宙的和谐，那么这根本不是合目的的，即使存在着碰撞的规律，这也不是必然的。这是偶然现象。与此完全相同的是，如果一个人"出了"车祸，那么这将是个不幸事故，不存在针对这次车祸而言的规律。一切都是按照机械、物理、化学和生理学的规律发生，但不存在这样的规律，根据这个规律，一个人在确定的时刻从家里出来，某个时刻在大街的拐角处进入汽车里。比如，奇迹完全不意味着对自然界某些规律的破坏，这是在自然环境里体现出来的人生中的意义现象，自然环境服从部分的规律。这是精神力量向自然秩序里的突破。只是在自己的封闭中，自然秩序才显得是合乎规律的。不存在整体的规律，宇宙的规律。万有引力定律根本不是宇宙规律，这个规律是部分的，并只针对部分才适用。布特鲁合理地谈论自然界的偶然规律。我在这里所说的一切，都不意味着在自然界里发生的是元素的机械合并与结合。对自然界的机械论观点毫不中用，可以认为这个观点已被彻底地推翻了。这是一种错误的一元论，如同设想世界灵魂存在，以及设想存在着预先就有的，反映宇宙和谐的神圣和谐。自然哲学总有一元论倾向，它可能是唯灵论的，可能是机械论的。但是，设想世界灵魂和宇宙和谐的存在就是自然主义。当人们肯定宇宙的理想原则，教导索菲亚学说，这个索菲亚渗透和笼罩着整个宇宙生命，这时，他们也陷入到自然主义。对宇宙的这种看法是意识的错觉，该错觉产生的基础是，不理解自然秩序是客体化的产物，不是精神的化身，而是精神的异化。对宇宙原则、力量、能量和质的错误的实在化与人格主义哲学深刻对立，它用宇宙等级来奴役人的个性。我们在许多神智学和通灵论流派里都能看到这一点。

不能在客体化自然界里寻找世界灵魂以及宇宙的内在生命，因为客体自然界不是真正的世界，而是处在堕落状态的世界，是被奴役的、异化的、无个性的世界。确实，我们向内在的宇宙生命突破，向生存意义上的自然界突破，通过美学直观，它永远是具有改变作用的积极性，还通过爱和同情，但是，这种突破永远意味着我们在超越客体化自然界的界限，摆脱它的必然性。我所谓的宇宙诱惑是指冲破个性生存的界限而狂热地走向宇宙的本性，是希望参与这个原初本性。所有的狂欢文化都以此为基础。然而，与其说这是从封闭的个性生存走向世界交往，不如说这是取消个性的形式自身，是个性的消解，而且狂欢文化永远如此。这就是宇宙对人的奴役，这个奴役建立在参与宇宙内在无限生命的错觉基础上。对宇宙诱惑的表达我们可以在荷尔德林天才的，尽管是没有结束的悲剧《恩培多克勒之死》里找到。① 客体化自然界及其决定论因实际并不存在的对自己的否定而进行报复，使人成为奴隶，但是在心理上，这具有另外的性质，而不是一般的自然的决定。宇宙灵魂、世界灵魂没有内在的生存，但却成为一种蒙蔽人，蚕食其个性的力量。这样就发生了向多神教宇宙中心论的复归，自然界里的魂灵和魔鬼又从自然生命的封闭深处活跃起来，并控制人。人又周期性地被魔鬼崇拜所控制，基督教曾经把人从其中解放出来。多神教宇宙中心论占据了基督教人类中心论的位置。在宇宙诱惑里，和在人的几乎所有诱惑里一样，都有这样一个主题，它有意义，并需要解决。人与自然界内在生命的异化合理地折磨着人，他不能忍受压迫他的自然界机制，实际上，他想使宇宙返回人的内部。人从上帝那里的堕落导致宇宙脱离了人。这就是客体化世界的堕落。在宇宙诱惑的道路上，人无法收回宇宙。在这里，人从受自然界机制的奴役

---

① 荷尔德林（1770—1843），德国诗人，《恩培多克勒之死》是他的一部剧本。——译者注

返回到受自然界泛魔鬼主义的奴役。我们仿佛正在摆脱自然界的魔鬼，它们控制人。同宇宙生命的结合不能解放个性，而是在消解和消灭它。在这里发生的只是奴役形式的改变。在社会生活里，针对个性和社会而言，这一点具有灾难性的后果。社会深入到宇宙之中，因此被理解为拥有宇宙基础的有机体。在这种情况下，个性必然要服从有机的整体，受它的奴役，最终是服从宇宙的整体，并受其奴役，于是人只是个器官，与人相对于社会和自然界的精神独立性相关的所有自由都被废除了。实际上，宇宙论在社会哲学中具有反动特征，主要是精神上的反动特征。在这里，有机体和有机物的观念复活了。这是对社会哲学的虚幻—宇宙论和神秘—生物学的论证。农民的宇宙性经常获得强调，以与其他阶层的非有机性对立，特别是知识分子和工人。人民大众积极地涌上历史舞台可能表现为具有宇宙意义的现象，在一定意义上这是正确的。但是，大众的涌入正好与技术作用相对于精神文化的增长相关，这就意味着，大众的涌入与同自然界的更大的断裂相关。因此，人在绝境中徘徊。对这个绝境的突破是精神行为，而不是对有机的宇宙节奏的服从。在客体化的自然界里，这样的节奏实际上并非真正的存在。不应该用机械—技术、理性化来对抗宇宙—有机性对人的精神统治，而应该用精神自由、个性的原则，因为个性原则既不依赖于有机体，也不依赖于自然界的机制。与此完全类似的是，不应该用决定论来对抗客观的目的论，而应该用自由与之对抗。抗击社会对人的奴役，不应该用理性主义的理性或被认为是充满安宁的自然界，而应该用精神，精神自由和个性，这个个性在自己的精神特质上不依赖于社会和自然界。这就迫使我们研究人受社会奴役的问题。

第二章

第四节　社会和自由

社会诱惑以及人受社会的奴役

一

在人的所有奴役形式中，人受社会的奴役具有最重大的意义。人是在几千年的文明时期内被社会化的存在物。因此，关于人的社会学说企图让我们确信，正是这个社会化塑造了人。人似乎生活在社会的催眠状态之中。他很难用自己的命运抗击社会的专横野心，因为社会催眠术利用各流派的社会学家之口使他确信，他完全是从社会里获得自己的自由。社会仿佛对人说：你是我的造物，你所拥有的一切好的东西，都是我加给你的，因此，你属于我，你应该把自己全部奉献给我。就我自己的世界观而言，赫尔岑是个社会活动家，但却有十分尖锐的思想，这些思想是他对个性的强烈感受提示给他的。他说过这样的话："个性对社会、人民、人类和观念的服从，是人类祭祀传统的延续。"[1] 这是颠扑不破的真理。如果接受我们在个体与个性之间所作的区分，那么可以说，只有个体是社会的部分并服从社会，个性则不是社会的部分，相反，社会是个性的部分。人是微观宇宙和微观的神，由此可以得出一个结论，社会和国家都是个性的组成部分。对社会的外化以及对社会关系的客体化都奴役人。在原始社会里，个性完全被集体吞没。列维·布留尔正确地指出，在原始意识中，个体意识依赖于团体意识。但这还不是关

---

① 《赫尔岑选集》，30 卷本（俄文版），第 6 卷，苏联科学院出版社 1955 年版，第 125 页。——译者注

于人的最后真理。社会是一种独特的实在，是现实的一个层次。"我"和"你"是和"我们"中的"我"不同的另外一种实在。但社会不是有机体，不是存在物和个性。社会实在包含在个性自身之中，不在个性之间的简单相互作用里，而是在"我们"之中，"我们"不是抽象，而是拥有具体的生存。社会实在不是个别的"我"，而是"我们"。"我"与其他人的交往就在"我们"之中进行。这个"我们"是"我"的质的内容，是"我"的社会超越。"我"所拥有的不但是和"你"的交往，即个性和个性的交往，"我"还拥有和"我们"的交往，即和社会的交往。但是，只有作为个体，作为自然的人，"我"才像部分进入整体，器官进入有机体一样，进入"我们"，即社会之中。作为个性的"我"从来也不像部分进入整体，器官进入有机体那样，进入社会。"我们"不是集体的主体或实体。"我们"有生存的意义，但不是生存的中心。生存的中心位于"我"及其与"你"和"我们"的关系之中。不但是"我"和"你"，而且还有"我"和"我们"的关系才是生存意义上的社会现实的根源。但是，对人的生存的客体化，将其抛向外部，就构成了"社会"，社会则企图成为比人、比人的个性更多和更原初的实在。社会是"我们"的客体化，这个"我们"在"我"与它的关系之外，在"我"与"你"的关系之外没有任何实在和任何生存。在自己的生存意义上，"我们"是共性，是交往，是共同体（communauté），而不是社会。社会是多的统一（弗兰克）。但是这个多的统一可能成为"我"与"你"及"我们"的生存关系中的"我们"。在这里隐藏着人受社会的奴役。在社会里，实在的东西是这样被确定的，即个性不但与个性有关系，而且还与诸多个性在社会中的结合有关。社会对人的个性的奴役统治是客体化的错觉的产物。实在的"我们"，即人的共性，在自由、爱和仁慈中的交往，从来也不可能奴役人，相反，这是个性完满生命的实现，是个性向他者的超越。在自己的《社会学》里，齐美尔比社会有机理论的追随者更正确①，他认为，社会是个别人的意志和愿望的自发结合。在他这里，"我们"似乎不拥有任何生存的实在。他仔细研究了人的社会化过程，但无法理解的是，这个社会化的力量从哪里来。人受社会的奴役体现在各种社会有机理论中。

对社会的有机论理解远比关于社会是本来意义上的有机体的学说更宽泛。对社会的有机论理解可能是公开的自然主义的和敌视形而上学的，比如在斯宾塞和谢夫莱②等人那里就是如此。在俄罗斯，米哈伊洛夫斯基与19世纪的这些理论进行了斗争，他合理地发现，在关于社会是有机体的学说里包含对个体的最大威胁。但对社会的有机论理解也可能是唯灵论的，即认为社会和社会集体是精神的化身。这个观点已经包含在德国的浪漫主义里。在黑格尔那里，对社会和社会过程的理解也可以被认为是有机论的。在社会学家里，施班是普遍主义的主要代表。任何形式的对社会的有机论理解永远都是反人格主义的，它必然承认社会先于个性，不得不把个性看作是社会有机体的器官。这是由客体化产生的普遍主义，是向外抛的普遍主义。普遍从个性里被抽出来，个性就得服从普遍。对社会的有机论理解永远是等级论的。在这个基础上只有等级人格主义才是可能的，但我认为等级人格主义是错误的，是与人格主义的实质矛盾的。根据等级人格主义，社会似乎是比人的个性更高等级层次上的个性。但这就使人成为奴隶。对社会有机性的唯灵论理解把社会生活的规律性理想化为社会的精神基础。规律性似乎获得了规范的特

---

① 齐美尔（1858—1918），德国哲学家和社会学家。——译者注
② 谢夫莱（1831—1903），德国经济学家和社会学家。——译者注

征。社会先于个性的观念属于梅斯特尔和波拿尔①，这个观念具有反动的、反革命的根源。孔德也继承了这个观念，他又影响了莫拉斯。②有些社会学家断定社会先于个性，他们教导说社会塑造了个性，这样的社会学家实际上是反动分子。反动保守的流派总是以过去的历史组织的有机特征为基础。在这种情况下，历史的沉重性所产生的必然性也将被认为是善和精神价值。评价的标准没有被放在个性身上，而是被放在凌驾于个性之上的社会有机体之中。保守主义的基础是，个别人不能把自己对善的理解放置在高于以前各代人的经验所制定的理解之上，后一种理解代表着一个有机的传统。认为个人主义与保守主义对立，这是完全错误的。人格主义认为评价的标准在个性，在良心的深处，并认为在个性的良心深处对善恶所作的区分比在表现为有机性的集体传统里对善恶所作的区分更加深刻。在个性深处展开的，进行区分和评价的良心永远不意味着个性的与世隔绝和自我封闭，而是意味着个性的展开直到普遍的内容，意味着个性同其他个性的自由交往，不但同活着的个性，而且也同死去的个性的自由交往。自由先于传统，但是可以自由地体验传统中真实的东西。在社会生活里存在着代与代之间的联系，活人和死人的交往，但是，代与代之间的这个联系不是强加给个性的，不是凌驾于个性之上的等级有机性，而是对个性内部的社会普遍性的揭示，是个性被扩展了的内在体验。个性一刻也不能成为某个有机体的部分，某个等级整体的部分。在社会中不存在任何有机性、完整性和普遍性，社会总是部分的。肯定社会组织有完整的有机性，这是对相对事物的错误的神圣化。社会中有机的东西是客体化的错觉。

---

① 波拿尔（1754—1840），法国哲学家。——译者注
② 莫拉斯（1868—1952），法国作家、哲学家和政治活动家。——译者注

不但极权国家是奴役人的谎言，而且极权社会也是奴役人的谎言。自然界是部分的，社会也同样是部分的。社会不是有机体，人才是有机体。应该被置于社会组织的基础里的是完整人的观念，而不是完整社会的观念。社会的有机理想是奴役人的谎言。这是社会的诱惑，它类似于宇宙的诱惑。社会根本不是有机体，社会是个合作组。社会的有机性是奴役人的意识的错觉，是外化的产物。自由人的社会（而不是奴隶的社会）应该按照精神的形象建立，而不应该按照宇宙的形象建立，即不应该按照等级的形象建立，应该按照人格主义的形象建立，而不应该按照力量和强者的统治形象建立，应该按照团结和仁慈的形象建立。只有这样的社会才不是奴隶的社会。人的自由的根源不可能在社会里，而只能在精神里。一切来自社会的东西都奴役人，一切来自精神的东西都解放人。合理的层次关系是，个性先于社会，社会先于国家。在这个层次关系的背后是精神先于世界。对社会的有机论理解永远意味着宇宙先于精神，意味着对精神的自然化，对必然性和奴性的神圣化。这永远是社会哲学中的自然主义和宇宙论。人格主义哲学就是反对把"有机的东西"理想化的斗争。

二

　　滕尼斯在共同体（Gemeinschaft）和社会（Gesellschaft）之间所作的区分是很著名的。① 共同体是指现实的和有机的结合（如家庭、团体、村庄、民族、宗教社团）。社会是指观念的和机械的结合（如国家）。在共同体里有相近性，而在社会里则有异己性。根

---

① 滕尼斯（1855—1936），德国社会学家。关于"共同体"和"社会"这两个概念的区分，参见其名著《共同体与社会》，林荣远译，商务印书馆 1999 年版。——译者注

据滕尼斯的观点，共同体具有血缘—物质的根源。滕尼斯的理论是自然主义的。共同体具有明显的自然主义特征。但是，这个区分对社会有机论学说的主题是很有意思的。在滕尼斯这里，一切有机的东西都具有共同体的特征，并表现出有机的东西的自然主义特征。这（有机的东西）就是原初的社会实在。他不承认社会具有有机性质，因为社会是观念的组织，是一种构造。滕尼斯的理论比一般的社会有机论更精致。然而，这个理论还是建立在对有机的东西的理性化基础上。在社会里有有机的组织，但社会自身不是有机体。在社会里有有机的组织，也有机械的组织。但是，在这里没有精神社会的位置，精神社会既不是有机的，也不是机械的组织。可以确定人的社会性的三个类型：有机共同体，机械团体和精神共同体。与决定论对立的精神自由是精神共同体的标志。换言之，这三种类型是：类的、血缘的共同体；机械的、原子论的团体；精神的人格主义的共同体。前两种类型属于客体化世界，并处在决定论统治之下，尽管被决定的方式不同。第三种类型从决定论王国突破出来到另外一种秩序之中。比如，教会是精神共同体，但它也是类的、有机的共同体和组织起来的机械团体。教会问题的全部复杂性就在这里。只有精神的共同体解放人。有机的、类的共同体和机械的、组织起来的共同体都奴役人。社会是个组织，但不是有机体。当需要的时候，社会将采取有机体的形象。在客体化和实在化的意识行为里，在神圣化的行为里，人自己制造自己的奴役。"有机的"比"机械的"更奴役人，至少"机械的"不企图成为神圣的。古代宗法制社会是最具有机性的社会，它拥有其人性的优良特征，因此，它比机械的资产阶级社会还好，然而，其中人的生存仍然是半植物的，还没有从有机奴役的迷梦中醒来。德国浪漫主义者

90

和俄罗斯斯拉夫派严重地滥用"有机"概念，这个概念包含了他们所喜欢和赞成的一切。这个"有机的东西"经过几百年对传统的神圣化和传递之后才被理解为"有机的"。但实际上，这个有机的东西是在某个时期由于人类斗争和人类组织而产生的，这就如同现在在斗争中所产生的东西一样，不过现在产生的东西却被指责为非有机的。可以说，一切有机的东西都有非有机的根源。在一切现在被认为是有机的东西背后，过去都经历过血腥暴力，以及对以前有机的东西的否定，其背后还有机械的组织。应该从"有机的"浪漫主义幻想中解放出来。革命破坏有机过程的继承性，然后革命建立新的有机的东西，人们将利用它来对抗新的革命。人类社会并非平静地产生，而是在极化的力量之间激烈和血腥的斗争中产生。曾经发生过母权制和父权制的斗争。巴霍芬 ① 关于这一点有深刻的思想。在人类社会的产生中没有任何神圣的东西，人类社会历史中神圣的东西只是相对的象征。这是精神的客体化和异化，是对决定论的服从。神圣的东西只在精神里，在主观性的王国里，在自由的王国里。

弗兰克正确地指出，社会现象在感性上是不能被理解的，它是超心理的。社会现象的持续性和人的持续性是不同的。人在死亡，构成社会的所有人都将死亡，但这个社会将继续存在。对柏拉图主义者弗兰克而言，社会现象是观念。应该承认，社会哲学中的唯物主义是彻底的荒谬，它从来也没有被彻底地思考过。在社会现象里没有物质现象的任何特征。我甚至认为，社会现象不是观念，也不是精神，而是观念和精神的客体化。社会现象的客观性超越人的生

---

① 巴霍芬（1815—1887），瑞士历史学家和法学家。——译者注

存，它是人的本质的客体化和异化，其结果是，人与人之间的社会关系呈现为在人之外和凌驾于人之上的实在。马克思在关于商品拜物教的学说里对此有过出色的说明。[①] 在社会里，人作为社会存在物而行动，也就是说作为和其他存在物结合在一起的存在物。然而，作为有机实在的社会是不存在的，否则，有机实在将先于人。社会不是由人组成的，因为当这些人不再存在时，社会还将存在。它将存在于人的有联系功能的记忆里，而不是在人之外。社会不但靠记忆存在，而且还靠模仿。人与人之间存在着把他们联系在一起的共性，但这个共性位于人与人的关系里，而不是在人们之外和人们之上。不在同一个时间间隔里生活的各代之间有一种把我们和他们联系在一起的共性，但这个共性的存在并不是因为人们属于社会有机体，构成它的部分。其实，这是生存的共性，它克服时间的断裂，它只不过是被客体化在社会之中而已。实在的不是这个共性，而是人的生存共性。过去永远继续存在并起作用。这一点具有肯定和否定的双重意义。在中世纪，人类被认为是统一的神秘机体。这是与对教会的理解的类比，教会被理解为基督神秘的身体。然而，人类不是神秘的机体，如同社会不是有机体一样。人是有机体，社会则是他的器官，而不是相反。看起来是相反，那是因为人把自己的本质外化了，人陷入客体化的错觉。以为只存在"客观的"社会，这个想法是错误的，因为还存在着"主观的"社会。人与人之间的真正交往和共性只在主观性中被揭示。主观性的这个方面完全不是个人主义，像一般情况下人们所想象的那样。社会实在作为一种价值，是在个性生存中被揭示的，个性生存可以扩展到普遍性。社会

---

① 马克思：《资本论》第一卷，第一章，第4节。——译者注

的等级结构促使（我们）把社会理解为有机体。社会的这个等级结构在每个社会里都能被发现，它存在于原始社会里，还表现在共产主义社会里。不过，在社会等级和精神等级之间不存在任何正比例关系。在这两个等级之间常常存在着冲突和对立。社会等级在多种形式中被多次地神圣化，被认为是神圣的，然而，实际上其中没有任何神圣的东西，它产生于力量和利益的完全非神圣的斗争之中。只是由于类比游戏，社会等级才表现为有机体，实际上它是和社会一样被组织起来的，社会被认为是机械的。社会的有机理论是生物类比的游戏。把在社会生活中使用的类科学的规律绝对化是机械类比的游戏。人们把决定论实在化，并将其想象成一种力量，这个力量专制地统治着社会生活。人们曾企图使必然性和规律性精神化（спиритуализировать），并以此证明社会之恶和不公正。但是，这不符合实际，只表达人的奴役。社会生活的必然性和规律性只是社会生活的机械性。不过，机械性在社会生活里发挥着巨大的作用。

三

存在着生命的永恒原则，这个观念具有双重意义。如果永恒原则被认为是自由、正义、人的团结以及人的个性的不能变成手段的最高价值，那么这个观念具有肯定意义；如果把相对的历史的、社会和政治的形式看作是永恒原则，而这些形式又被绝对化，如果呈现为"有机的"历史实体获得神圣的恩准，比如，君主制或者一定的私有制形式，那么，这个观念就具有否定的意义。换个方式，这一点可以表达为，社会生活的永恒原则是在主观精神里实现的价值，而不是在历史的客体化里实现的实体（тела）。社会有机论的保守流派保卫历史实体（тела）的神圣性，但是这个保守流派不可能被看作是基督教的，不但因为它与基督教人格主义对立，而且还因为它与基督教末世论对立。在客体化的历史世界里没有可以过渡到永恒生命领域的神圣事物，没有任何配得上永恒生命的东西，这个世界应该走向终结，并要接受最高法庭的审判。社会有机论是反末世论的，其中包含虚假的乐观主义，反动的乐观主义。对过去的记忆是精神的，它克服历史时间，但这不是封闭的记忆，而是创造—改变着的记忆，它企图带入永恒生命的不是过去僵死的东西，而是活生生的东西，不是过去静止的东西，而是过去的动态进程。这个精神的记忆提醒着受自己历史时间奴役的人，在过去里有精神的伟大创造运动，它们应该获得永恒。这些创造运动也在提醒人们，在过去曾经生活着具体的存在物，活生生的个性，在生存的时间里，我们和他们之间存在的联系不比和活着的人之间联系更少。社会永远不仅仅是活人的社会，而且也是死去的人的社会。一般的进步理论丧失了对死人的记忆，这个记忆完全不是保守—静态的，而是创造—动态的。最后的决定权不属于死亡，而属于复活。但是，复活不是在恶和谎言里恢复过去，而是对过去的一种改变。我们与创造—改变了的过去相关。这个过去对我们而言不可能是奴役人的决定论的重负。我们愿意和过去的事件及过去已经离去的人一起进入另外一个改变了的秩序之中，进入生存的秩序之中。像托尔斯泰和易卜生这样的人，在他们对社会历史的批判里包含着永恒的真理。施托科曼博士①在其对社会的反抗中，在其对社会舆论统治的反抗中，在其对社会赖以生存的谎言、模仿、奴役的反抗中是正确的。在这个反抗中永远包含着来自另外一个世界的声音。个性相对于周围世界和满是谎言的社会的自律不是实际状态，而是最高质的成就。精

---

① 易卜生戏剧《人民公敌》的主人公。——译者注

神自由不是对权利的抽象声明，而是人应该达到的最高状态。奴隶应该通过社会行为获得解放，但是他们内在地可能仍然是奴隶。战胜奴性是精神的行为。社会和精神的解放应该同时进行。天才永远也不能为社会所容纳，他永远超越社会，而其创造行为来自另外一个秩序。在社会里，在一切社会里，都有某种奴役人的东西，它永远应该被克服。不但是天才，任何人都高于社会，高于国家，而纯粹的人的利益高于社会和国家的利益。需要整体的秩序并不是为了整体，也不是因为整体是最高价值，而是为了个性。对价值的这种重估是一场应该在世界上实现的解放革命。这就是对基督教社会真理的揭示。社会是靠信仰来维持的，而不是靠力量。当社会开始靠排他性的力量来维持时，它就在接近结束和灭亡。然而，维持社会的不但是真正的信仰，而且还有虚假的信仰。呈现为神圣的社会和国家先于人，先于个性，所有这样的信仰都是虚假信仰。这些虚假信仰的危机意味着社会存在里发生危机、转折，甚至是灾难。社会的基础永远是社会神话和象征，没有它们民族就不能存在。当保守的神话和象征开始瓦解和灭亡时，社会就开始瓦解和灭亡。于是发生革命，这些革命制造新的象征和神话，比如民族主权的神话，其共同的意志是纯洁的（卢梭），无产阶级是人类的阶级—弥赛亚，是人类解放者的神话（马克思），国家的神话，种族的神话等等。神话和象征适合于中等人。社会领袖的政治思想之所以渺小和鄙俗，就是因为这些思想迎合中等人。真正的解放是摆脱所有奴役人的象征和神话，过渡到真正的人的实在。那么，什么是具体的人，实在的人呢？

梅斯特尔说，他不知道一般的人，他只知道法国人、英国人、德国人和俄国人。他想以此说明具体的人在自身中包含着民族的和私人的特征，在谈论人的时候，不能排除这些特征。马克思说过，不存在一般的人，只有贵族、资产者、农民、小市民、工人，即不能从具体的人身上排除其社会—阶层和阶级的特征。甚至还可以说，不存在一般的人，只有工程师、医生、律师、官员、作家等等，即人的职业志向特征都包含在具体的人里。甚至还可以进一步，说具体的人只是某个人，他有自己的名字，并在自身中包含着最大数量的民族的、社会的、职业的以及其他特征。这就是走向具体的人的一个途径，在具体的人里集合着最大数量的特殊的质。但是，走向具体的人还有另外一条路，在这条路上，最具体的人被认为是最能克服分立主义，最能达到普遍性的人。普遍不是抽象，而是具体。最具体的不是部分，而是普遍。个别特征的数量可能是贫乏的标志，而不是丰富的标志，即是抽象的标志。如果在一个人身上完全占据主导地位的是，他是法国人、英国人、德国人或俄国人，贵族或资产者，教授或官员，那么这样的人根本不是丰富的人，从主要方面看，也不是具体的人。具体性是完整性，所以，具体性不是由个别特征的数量来决定的。最具体的人是普遍的人，他克服片面性和隔离性，克服对民族、社会或职业特征的自我肯定。但是，在具体人的普遍主义里也包含着在片面性里表现出来的所有个别特征。成为俄国人是好的，成为哲学家是好的，但是，哲学天赋和哲学专业方面分立的片面性是很糟糕的性质，它有碍于人的具体性和完整性。普遍性就是获得完满。具体的人是社会的人，所以不能排除人的社会性。但是，人的片面社会性会使人成为抽象的存在物，反之亦然，即完全排除人的社会性也会使人成为抽象的存在物。把人看作是完全社会性的存在物就是对人的奴役。对人的本质的客体化使人成为由部分性质构成的存在物，如民族的、社会的和职业的性质等，这些性质都企图获得完整性。但这恰好不是具体的人，因为具体性是对普遍性的实现。具体的人不可能是最大限度地被决定的人，而是最自由的人。人都倾向于通过自己的社会团体、党派、职业来抬高自己，然而，这恰好不是抬高人的个性，而是抬高人的非个性。

四

人处在对社会的愚蠢的、奴性的依赖之中，是他自己制造了这个依赖性，因为他把社会实在化，制造了社会的神话。社会的影响和暗示歪曲宗教信仰、道德评价、对人的认识自身。但是还有一种实在，它比所谓的社会更深刻，这就是人与人之间的社会关系的实在，人与人之间的共性层次的实在。认识处在对人的共性层次的深刻依赖之中。这就使得认识的社会学成为必要的。关于这个问题我在其他书里不止一次地说过。现在我只表述对本书的主题是必要的观点。人不是作为孤立的存在物进行认识的，而是作为社会的存在物。认识具有社会特征，因此依赖于人们的交往形式，依赖于他们的共性层次。逻辑上的人人都应遵守性在认识里具有社会特征。这是可沟通性问题。但是，在更深刻的意义上，认识对人们社会关系的依赖性就是对人们精神状态的依赖性。对认识发生作用的人与人之间的社会关系标志着他们的精神隔离或共性的程度。认识上的决定论，特别是类科学的认识决定论把人引入必然性和规律性的王国，这样的决定论符合人们最低层次的精神共性，符合他们最低层次的隔离。人人都应遵守的认识在有隔离的人们之间确立沟通，这个认识符合分裂的世界。这里的罪过不在认识，认识是肯定的价值，而在于世界和人的精神状态，在于存在自身的隔离和分裂。在认识里也显示着具有联系作用的逻各斯，但它是分阶段展现的，这依赖于精神状态和精神共性。客体化的逻各斯是社会的逻各斯。悖论就在于，数学和物理学中的认识最具有人人都应遵守的特征。在这里，认识最少依赖于人们的精神状态和精神共性，认识的结果对各种不同宗教信仰，不同民族，不同阶层的人都是一样的。相反，历史学和社会科学里的认识，关于精神和价值的科学，即哲学里的认识具有更少的人人都应遵守的特征，这正是因为哲学认识要求人们更多的精神共性。具有宗教特征的真理拥有最少的人人都应遵守的特性，因为这些真理要求最大限度的精神共性。在宗教团体内部，这些真理最大限度地表现为人人都应遵守的，但是从外面看，这些真理则最少表现为人人都应遵守的，最多① 表现为"客观的"，最多地表现为主观的。这一切表明，认识领域的自律是相对的，认识不可能与人的完整实质分离，与人的精神生命分离，即与完整统一的人分离。认识依赖于人是什么，人与人的关系如何。而且，当问题涉及对精神、人生存的意义和价值的深刻认识时，这个依赖性是最大的。这是客体化的不同层次。最大限度地被客体化的认识是数学认识，它最大限度的是人人都应遵守的，涉及整个文明的人类，但是，它离人的生存最远，离对人的生存意义和价值的认识最远。最少被客体化和最少具有人人都应遵守特征的认识是与人的生存最接近的认识。客体化和人人都应遵守的东西在真理性方面是最"客观的"。最少被客体化和最小程度上是人人都应遵守的东西则接近"主观性"王国，即最不能经得住真理性的考验。这个观点建立在客观性和真理性的错误统一的基础上。实际上，真理的标准在主体里，而不在客体里。客体是主体的造物。唯心主义认识论经常断定，客体为主体而存在。但这是错觉。在这里，客体是由主体所进行的客体化创造的。

---

① 原文如此，疑有误，应为"最少"。——译者注

然而，客体和客体化恰好不是为主体而存在的，而是奴役主体。主体用客体化奴役自己，建立决定论王国。主体陷入自己所实现的外化的统治之中。人受社会的奴役就是以此为基础的，社会呈现为客观存在。如果把客观性等同于真理性是不正确的，那么，把客观性等同于实在性也是不正确的。原初实在恰好处在主观性里，而不在客观性里。位于客观性之中的只是被反映的、次要的、象征的实在。人就徘徊在象征的实在里。奴役人的只有象征，而不是实在。人受社会的奴役首先是人受社会象征的奴役。社会自身是象征，而不是原初实在。客体化认识的决定论也具有象征性。人不能靠个体行为破坏客体化世界，他只能获得相对于这个世界的内在自由。破坏客体化世界是社会和历史的行为。这就意味着，如果人们获得了最高精神共性，那么世界将是另外的样子，对世界的认识也将是另外的样子。只有完整的精神才能认识完整的真理。但是，不能用这个真理来服务于组织客体化世界。甚至可以说，末世论前景有自己的认识论和社会学的解释。此世的终结无非就是彻底克服客体化，摆脱客体的统治，以及摆脱作为客体性的一种形式的社会统治。这个终结可能在我们的世界里预演。在我们世界里，向终结的运动是可能的。

第五节　文明与自由

人受文明的奴役以及文化价值的诱惑

一

人不但受自然界和社会的奴役，而且还受文明的奴役。我现在是在通行的意义上使用"文明"一词，即把文明与人的社会化过程联系在一起。关于文化的价值以后将要谈到。文明是人创造的，目的是摆脱自然界自发力量的统治。人发明了工具，并把这些工具置于自己与自然界之间，然后对这些工具进行无限的完善。智力是人最强有力的工具，人在理智里获得了异常的敏感性。然而，这却伴随着人的本能弱化，人的有机体开始退化，因为在与自然界的斗争中，有机工具开始被技术工具替代。在不同时代，有这样一个思想一直折磨着文明人，即离开自然界后，人丧失了自己的完整性和原初的力量，他分裂了。此外，人提出文明的代价问题。人与人结合是为了生活而同自然界自发力量进行斗争，为了建立文明社会。但是，为这个目的，很快就开始了人压迫人，并产生统治与奴役的关系。鲁滨逊开始压迫星期五。伴随着文明发展出现了对大批群众和劳动人民的压迫和剥削。这个压迫又由文明的客观价值所证明。看来，文明只能通过可怕的社会不平等和压迫的途径产生和发展，文明在罪恶中孕育，否则文明就不能产生和发展。这是个十分简单的问题，但这不是我现在感兴趣的问题。反抗文明的有这样一些人，如卢梭、托尔斯泰，他们的反抗提出了更为深刻的问题。在俄罗斯思想里，对文明正当性的怀疑是很典型的。这不仅仅与社会不平等和剥削的问题相关。在文明里有毒素、有谎言，文明使人成为奴隶，妨碍人获得生命的完整性和完满。文明不是人类生存的最终目的和最高价值。文明许诺解放人，而且无可争议，它确实能提供解放的工具。但是，文明也使人的生存客体化，因此它自身带有奴役。人成为文明的奴隶。文明不仅仅是建立在奴役的基础上并产生相对于自己的奴性。问题的根本不在于，似乎应该用某种健康和幸福的野蛮状态，用某种自然人或者本质上是善良的野蛮人来对抗文明。这完全是按照自然主义的方式提出问题，这种提法早已过时，甚至都不值得讨论。不能用善和自然界的自由来对抗文明的恶和奴役。自然界不能对文明进行审判，这个审判只能由精神来进行。能够与文明人及其缺陷对抗的不是自然人，而是精神的人。文明处在自然王国和自由王国之间，是个中间王国。这里的问题不在于要从文明走向自然，而在于要从文明走向自由。浪漫主义者想要回归到自然界，如卢梭就呼吁过要回到这样的自然界，托尔斯泰为了摆脱文明的谎言呼吁要回到自然界。但这个自然界根本不是作为决定论和规律性的客体化王国的自然界，而是另外一个被改变了的，很接近自由王国的自然界，这不是"客观的"自然界，而是"主观的"自然界。特别清楚的是，托尔斯泰的自然界是神圣的，这不是为生存而进行无情斗争的自然界，不是相互消灭的自然界，不是强者统治弱者的自然界，不是机械必然性的自然界，等等，这是被改变了的自然界，这是神性自身。但是，托尔斯泰把这个自然界与大地和庄稼人联系在一起，与使用简单工具的体力劳动联系在一起，于是他的企图就具有了简单化和向蒙昧状态回归的特征。实际上，他是想使物质生活简单化，以便使人能够转向精神生活，文明妨碍精神生活。对文明及其技术的否定从来不可能是彻底的，永远有点什么东西来自文明，来自技术，只是在更简化和更简单的形式里。这实际上是一种摆脱多的世界统治的意志指向，与一结合的意志指向，在一里解放的意志指向。这是一种从分裂走向完整性的愿望。在对"自然的"，对"有机的"渴望背后隐藏着对摆脱文明世界具有分裂作用的多的需求，转向神性生命的完整性和统一的需求。人感觉到自己受文明世界的难以忍受的多、分裂性和相对性的压迫。他处在自己的工具的统治之下。任何人都知道，在人的日常生活中遍布着的大量物品是如何使之感到困难并奴役他，他是如何难以摆脱物品的统治。复杂化的文明把这一切加给人。人被束缚在文明的规范和习俗之中。他的整个生存都被客体化于文明之中，就是说被向外抛、被外化。人不但被自然世界压迫和奴役，而且还被文明世界压迫和奴役。文明的奴役是社会奴役的另外一面。

再没有什么比资产阶级思想家们对文明好处的保卫更平庸和肤浅的了。这些阶级喜欢标榜自己是文明的代表，并使自己与内在的野蛮人对立，它们通常把野蛮人理解为工人阶级。它们害怕无产者，因为无产者是这样的存在物，它被剥夺了文明的所有好处和文化的所有价值。根据马克思的思想，这个存在物的人的本质与它自己发生异化。这样不幸的存在物的出现和其数量的扩大是谁的罪过呢？有罪的正是那些领导阶级，它们为保卫自己的利益而宣布反对内在的野蛮人，惊呼他们对文明的威胁。按照资产阶级的方式保卫文明，这是最令人厌恶的。问题实际上更加复杂得多。存在一种文明的野蛮，在它后面能够感觉到的不是"自然界"，而是机器、机制。工业技术文明显现出不断增长的文明的野蛮，质的下降。但在这个文明的野蛮里没有向"自然界"的任何复归。在文明人身上周期性觉醒的是兽性和野性，只不过是在被改变的文明形式里，这是更糟糕的形式。人的文明化是个过程，这个过程并不十分深刻，因此很容易从人身上剥下文明的外衣。在这种情况下，人仍然继续在利用文明的一切工具。关于外衣（Sartor Resartus），卡莱尔表述了十分深刻的思想。① 这是关于外表与真实的关系问题。原始与文明之间的关系非常混乱和复杂。在文明的内部继续存在着原始性，但是这个原始

---

① 这里指卡莱尔（1795—1881）的杰作《旧衣新裁》（1833—1834）。——译者注

性已经被文明武装，并丧失了自己的原初性、朴实性和新颖性。技术文明的性质是，野蛮人完全可以像具有高级文化的人一样地利用它。大量群众积极地涌入历史和文化之中的问题就与此相关，而文化就自己的原则而言永远是贵族的。奥尔特加用了这样一个说法，"大众的反抗"①。量的增长和大多数人的统治将改变文化的特征，改造精神生活自身。以为人口的增长永远是好事，这是最大的偏见。也可能正好相反。还必须消除一个误解，即把"大众"等同于"工人阶级"或"人民"。大众是个数量范畴，它不是由最高的质和价值决定的。大众可以有不同的阶级来源。有资产阶级的大众，这是最令人厌恶的大众。小资产阶级和小官僚，所有阶级里的无产阶级化的人构成了大量的大众团体，法西斯匪帮就是从这里被招募来的。大众与其说是由社会特征决定的，不如说是由心理特征决定的。与大众对立的不是某个阶级，而是个性。大众属性的基本特征应该是个性的未表现性，个性独特性的缺乏，同当下的量的统治混淆的倾向，非凡的传染能力，模仿和重复。具有这样特征的人就是大众的人，不管他属于哪个阶级。列·波恩正确地说，大众可能比个别个体更慷慨和更富有牺牲精神，也更残忍和更无情。这一点可以表现在起义和游行里，在革命和反革命里，在宗教运动里。大众可以被激发起来，但他们是非常保守的，而不是革命的。"人民"不是"大众"，人民有自己质的规定，这个质的规定与它的劳动相关，与它的宗教信仰相关，与其生存的可塑性形式相关。大众的涌入是这样的大批人的涌入，个性在他们身上没有被表达出来，在他们那里没有质的规定，只有巨大的可激发性，有受奴役的心理准备。这就造成

---

① 奥尔特加–加塞特（1883—1955），西班牙哲学家、作家，《大众的反抗》是其重要作品之一。——译者注

了文明的危机。大众掌握技术文明，并愿意用它来武装自己。但大众很难掌握精神文化。人民大众在过去有过自己建立在宗教信仰基础上的精神文化，但在我们这个过渡时期，大众则丧失了一切精神文化，他们所珍重的只有用蛊惑手段强加给他们的神话和象征，包括民族的和社会的神话和象征，种族、民族、国家和阶级的神话和象征等等。在这种情况下总是要制造偶像。价值很轻易地变成偶像。要知道，文明自身也可能变成偶像，如同国家、民族、种族、无产者，以及这样或那样的社会制度等。文明和文化的差别只是术语上的吗？

二

从施本格勒时代起，文化与文明的区分就开始流行了，但这个区分不是他的发明。这里的术语是不精确的。比如，法国人喜欢用"文明"一词，把它理解为文化，德国人则喜欢用"文化"一词。俄罗斯人以前用"文明"一词，从20世纪初开始偏爱"文化"一词。但斯拉夫主义者，列昂季耶夫和陀思妥耶夫斯基等，已经清楚地理解了文化和文明之间的区别。施本格勒的错误就在于，他赋予"文明"和"文化"这些词汇以纯粹时间顺序的意义，把它们看作是时代的更替。虽然文化和文明将永远存在，但在一定意义上文明比文化更古老和更原始，文化形成得较晚。原始人对技术工具的发明，对最简单工具的发明，就是文明，文明是指一切社会化的过程。拉丁语的"文明"标志着这个词所指的那个过程的社会特征。应该用文明来指更具有社会—集体特征的过程，用文化来指更具有个性特征并走向内在深处的过程。比如我们说，这个人有较高的文化，但我们不能说，他有较高的文明。我们说"精神文化"，但是不能说

"精神文明"。文明指的是更深层次的客体化和社会化，文化则与个性和精神相关。文化意味着用精神行为对质料的加工，是形式对物质的胜利。文化更多地与人的创造行为相关。尽管这里的区分是相对的，如同分类法确立的所有区分一样。文明时代主要可以指称这样的时代，其中大众和技术获得主导意义。人们一般都这样谈论我们的时代。然而，就是在文明的时代里也存在文化，如同在文化时代也存在文明一样。笼罩着全部生活的技术对文化的作用是破坏性的，它使文化非个性化。但在这样的时代里总有一些人士，他们起来对抗技术文明的胜利前进。浪漫主义者就发挥这样的作用。尽管存在着文化的天才的创造者，但是文化环境、文化传统和文化氛围，和文明一样，是建立在模仿基础上的。具有一定风格的非常有文化的人对一切所发表的意见常常是模仿的、中等的和团体的，尽管这个模仿是在文化精英社会，在非常规范的团体里形成的。文化风格总是在自身中包含着模仿，对传统的吸收，就自己的出现而言，在社会的意义上它可能是独特的，但在个体的意义上，则不是独特的。天才永远也不能完全被文化所包容，文化总是企图把天才从野生动物变成家畜。遭到社会化的不但是野蛮人，而且还有创造天才。在其中包含着野性与野蛮的创造行为被客体化并转变成文化。文化在自然界和技术之间占有中间地带的位置，因此它常常在这两种力量之间遭到压迫。但在客体化世界里永远也不会有价值与和谐。在文化价值与国家和社会价值之间存在着永恒的冲突。实际上，国家和社会总是渴望极权，并给文化的创造者指定任务，向他们要求服务。文化创造者总是艰难地保卫自己的自由，在更少平均化的社会里，在更分化的社会里，他们更容易保卫自己的自由。低级价值，如国家，总是渴望让高级价值服从自己并奴役它们，如精神生命的价值，认识、艺术价值。舍勒曾企图确定价值的等级：高尚的价值高于令人愉快的价值，精神价值高于生活价值，神圣价值高于精神价值。但毫无疑问，神圣价值和精神价值要比令人愉快的或生活的价值具有更小的力量，后者是十分专横的。客体化世界的结构就是如此。确定文化中贵族原则和民主原则的关系非常重要。

文化建立在贵族原则之上，建立在质的精选原则之上。所有领域的文化创造都追求完善，追求获得最高质。认识领域、艺术领域、塑造高尚心灵的领域，以及人的情感文化里都是如此。真理、美、真诚、爱都不依赖于量，它们都是质。贵族的精选原则建立了文化精英和精神贵族阶层。但是文化精英不能因为惧怕远离生命根源、惧怕创造的枯竭、惧怕退化和死亡而封闭自身、与世隔绝、自我肯定。任何团体的贵族精神都不可避免地退化和枯竭。正如文化价值创造不能立即传播到无质的人类大众一样，不可能不发生文化的民主化过程。在下面的意义上真理是贵族的，即真理是在认识中获得质和完善，它不依赖于量，不依赖于多数人的意见和要求。但这完全不意味着真理只为少数被拣选的人存在，为贵族团体存在。真理为全人类存在，所有人的使命都是参与真理。封闭的精英阶层的高傲和轻蔑态度是最令人厌恶的。伟大的天才从来都不是这样的人。甚至可以说，那些丧失了与生命过程的广度和深度的联系，在文化上精致和复杂化的人们所构成的帮派组织是虚假的组织。认为自己是隶属于文化精英阶层的人的孤独是虚假的，这还是一群人的孤独，尽管这群人是个不大的小组，这不是先知和天才的孤独。天才接近于原初实在，接近于真正的生存，文化精英服从客体化和社会化的规律。正是在文化精英阶层里形成了文化崇拜，文化崇拜是偶像崇拜和人的奴役的一种形式。真正的精神贵族与服务意识相关，而不是与自己的特权意识相关。真正的贵族精神无非是获得精神自由，获得相对于周围世界的独立性，相对于人的数量的独立性，无论这个量以什么形式出现。真正的贵族精神无非就是听从内心声音，上帝的声音和良心的声音。贵族精神是个性现象，这种个性不认同混合、调和以及无质世界的奴役。但是，充满人类世界的并不是这样的贵族精神，而是与世隔绝的、封闭的、对低层次人持高傲和轻蔑态度的贵族精神，即这是虚假的贵族精神，是社会过程所产生的帮派贵族精神。甚至可以在文化内部的民主价值和贵族价值之间作出区分。比如，应该把宗教价值和社会价值当作民主的，而与哲学、艺术、神秘主义、情感文化相关的价值应该被认为是贵族的。关于作为交往的一种形式的谈话，塔尔德 ① 表述过很有意思的思想。谈话是高级文化的产物。可以区分出礼节性的、程式化的、功利主义的谈话，以及理智的、非功利的和真诚的谈话。只有第二种形式的谈话才是高级文化的标志。但是，文化的悲剧在于任何高级的质的文化都没有无限发展的前景。文化的昌盛将被文化的衰落替代。文化传统的形成标志着一种高级文化，在这种情况下出现的不但是文化的创造者，而且还有文化环境。过分僵化和固化的文化传统意味着文化创造的弱化。文化总是以颓废而告终，这是文化的劫难。创造的客体化意味着创造热情的冷却。文化精英阶层更多的是在消费，而不是创造，其自我中心主义和与世隔绝将导致用文学作品代替生活。于是就形成一个人为的文学氛围，人们在这里度过虚假的生存。文化人将成为文学作品的奴隶，成为艺术最新成就的奴隶。同时，美学上的判断常常不是个性的，而是阶层—团体的。

---

① 塔尔德（1843—1904），法国社会学家和犯罪学家。——译者注

　　文化和文化价值是由人的创造行为建立的，人的天才本质就在这里获得揭示。人把巨大的天赋献给文化。但是，在这里也显示出人的创造的悲剧。在创造行为、创造意图和创造成果之间有一种不一致。创造是热情，文化则已经是热情的冷却。创造行为是向上腾飞，是对客体化世界重负的克服，是对决定论的克服。文化中创造的成果已经是下降、下沉。创造行为和创造热情处在主观性的王国里，而文化成果则处在客观性的王国里。在文化里发生的似乎还是人的本质的那种异化、外化。这就是为什么人常常陷入文化成果和文化价值的奴役。文化自身不是生命的改变和新人的出现。文化意味着人的创造的倒退，倒退到客体化世界里，他曾经想从这个客体化世界里摆脱出来。但结果是，这个客体化世界获得了丰富。不过，伟大天才的创造永远都是向客体化和决定论的世界界限之外的突破，这体现在他们创造的成果里。这是19世纪伟大的俄罗斯文学的主题，它总是超越文学和艺术的界限。这是从圣奥古斯丁开始的存在主义所有类型哲学家的主题。这也是多少世纪一直在进行的古典主义和浪漫主义永恒纷争的主题。古典主义无非就是断定在客体化世界里，在创造成果完全外化于创造者的情况下，能够获得创造成果的完善。古典主义对创造者的生存性不感兴趣，不愿意看见这个生存性在创造成果中的表达。所以，古典主义要求创造成果形成中的有限性，认为有限性是完善的标志，并且惧怕无限。无限在生存领域里获得揭示。作为形式的完善，无限也不可能表现在客体化领域。纯粹的古典主义从没存在过，最伟大的创造者们从来也不是纯粹的古典主义者。古希腊的悲剧，柏拉图的对话，但丁、塞万提斯、莎士比亚、歌德、托尔斯泰和陀思妥耶夫斯基、米开朗基罗、伦勃朗、贝多芬，能说这都属于纯粹的古典主义类型吗？当然不能。浪漫主义不相信可以在客体化世界里获得创造成果的完善，它追求无限，并企图表达这个追求，它沉浸到主观性世界里，并且更珍视自己生存的、创造的热情和创造灵感，而不是客观的成果。纯粹的浪漫主义也是从来不存在的，但是浪漫主义精神比本来意义上的浪漫主义流派更广泛。在浪漫主义里有许多糟糕和贫乏的东西，但浪漫主义的永恒真理在于这种被客体化谎言的伤害，在于对创造灵感和创造成果之间不一致性的意识。必须更清楚地理解，在文化价值里，创造的客体化意味着什么，在什么意义上应该与之对抗。在这里可能会有很大的误解。创造行为不仅仅是向上的运动，而且还是向他者、向世界、向人的运动。哲学家不能不在书里表达自己，科学家则在发表的研究成果中表达自己，诗人在诗歌里表达自己，音乐家在交响乐里表达自己，艺术家在绘画里表达自己，社会改革者在社会变革里表达自己。创造行为不可能找不到任何出路而在创造者内部被扼杀。但是，把对创造行为的实现等同于客体化，这是完全错误的。客体化世界只是世界的状态，创造者不得不生活在其中。创造行为的任何向外的表达都将陷入客体化世界的统治。重要的是意识到创造者的悲剧情境及其所引起的创造悲剧。与客体化世界的奴役斗争，抵制创造热情在创造成果里的冷却，完全不是指创造者停止在自己的创造里表达和实现自己，那将是个荒谬的要求。这个斗争是指通过创造行为最大限度地突破客体化封闭的圈子，是指创造者创造成果的最大限度的生存性，是指最大限度的主体性向世界的客体性突破。创造的意义在于预告世界的改变，而不是巩固这个世界的客观完善。创造是与世界客体性的斗争，是与物质和必然性的斗争。这个斗争表现在最伟大的文化现象里。但是，文化却想把人留在这个世界里，它用自己的价值和内在完善的成就来诱惑人。在文化的大门外燃起的创造之火是一种超越，但却是被阻碍的超越。全部问题就在于，如何从客体化之路转向超越之路。文明和文化是由人创造的，它们也奴役人，并且是用自己最高的价值奴役人，而不是最低的价值。

简单地否定文化，特别是号召回到前文化状态，这是荒谬的，如同简单地否定社会和历史一样荒谬。但是，重要的是理解文化的矛盾与对文化的最高审判的必然性，就像对社会和历史的最高审判一样。这不是对文化和创造的苦修态度，而是末世论的态度，我甚至说，这是革命—末世论的态度。就在文化自身的范围内，创造的突破和改变也是可能的，可能有音乐的胜利，音乐是艺术中最伟大的艺术，这既是在思想中的音乐，也是在认识中的音乐。就是在社会自身里也可能有向自由和爱的突破，在客体化世界里就可能有超越，在历史里就可能有元历史的突现，在时间里就可能获得永恒的瞬间。但是，在大众的历史过程里，在文化的僵化和沉积的传统里，在业已形成的社会组织里，获得胜利的是客体化，而人则受奴役的诱惑，但他自己意识不到这个奴役，并把它体验成快乐。人受科学和艺术规范的奴役。学院派风气就是奴役的工具。这是系统化和有组织地对创造热情的消灭，这是要求创造的个性完全服从社会团体。"客观性"的要求完全不是真理的要求，而是社会化，是对中等人，对日常性的服从。人受文明的理性奴役。但这个理性不是神的**逻各斯**，而是中等—正常的、社会化的意识的理性。这个意识与人的中等精神水平和低级的精神共性相适应。完整的个性就这样被压迫，其超理性的力量无法运动。同样奴役人的是文明的善，变成了法律的和社会化的善，服务于社会日常性的善。人陷入理想的文化价值奴役的状态。人把科学、艺术和一切文化之质变成偶像，但这使他成为奴隶。唯科学主义、唯美主义、文化上的假斯文——人的奴役形式有如此之多。过去，在理想价值背后是先知和天才，创造灵感和激情。但是，当给先知和天才树立纪念碑，用他们的名字给街道命名，便形成了冷却的中等文化，它已经不能容忍新的先知预言和新的天分。总是要形成文化的法律主义和法利赛主义，但先知精神的反抗也是永远不可避免的。文化是伟大的善，是人之路，因此不允许野蛮人对它的否定。然而，对文化必然要实现最高审判，有文化的启示录。和整个大地一样，文化应该变成新生命，它不可能在自己的中等层次上，在自己法律的冷淡中无限地延续。这一点将在最后一章里论述。有这样一种谎言，文明和文化强迫人去实践它。普林正确地说，这个谎言是系统化的、隐藏着的不协调。但在表面上统一占优势。必须用真理与谎言对抗，哪怕这个真理看起来是危险的和破坏性的。真理总是危险的。谎言在积累，因为目的被手段所取代。手段早就被变成了目的，以至于已经无法达到目的。文明是作为手段产生的，但它被变成了目的，这个目的专横地统治人。文化及其所有价值都是人的精神生命、精神上升的手段，但文化却变成了目的自身，这个目的压制人的创造自由。这是客体化不可避免的结果，客体化总是颠倒手段和目的。文明的现实主义要求人越来越增长的积极性，但是，它靠这个要求奴役人，把人变成机器。人成为非人的现实过程，技术和工业过程的手段，这个现实主义的结果完全不是为了人，人却为了这个结果。对这个现实主义的精神反抗就是要求直观的权利。直观是喘息，是获得这样一个瞬间，在这里人走出时间之流的奴役。在旧文化里，无私的直观发挥了巨大的作用。但是，片面的直观文化可能成为人的消极性，成为对世界上的积极作用的否定。所以，必须把直观和积极性结合起来。最主要的是，无论相对于文化，还是相对于技术，人都应该成为主人，而不是奴隶。当力量原则被宣布，力量被置于真理和价值之上，那么，这就意味着文明的终结和灭亡。这时就应该等待新的强有力的，能够吸引人的信仰，等待新的精神高潮，它能够战胜粗俗的力量。

第六节　人受自己的奴役以及个人主义的诱惑

一

关于人的奴役的最后一个真理是人受自己的奴役。他受客体世界的奴役，但这是受自己的外化奴役。人处在各种偶像的奴役之中，但这些偶像由他自己制造。人总是受到似乎处在他之外的，与他发生异化的东西奴役，但是，奴役的根源是内在的。自由与奴役的斗争在外在的、客体化和外化的世界里展开。不过，从生存的观点看，这是内在的精神斗争，因为人也是微观宇宙。在包含于个性之中的普遍里进行的是自由与奴役的斗争，这个斗争影射到客观世界里。人的奴役不但在于外在力量奴役他，而且在更深刻的意义上，还在于他同意成为奴隶，奴隶般地接受奴役他的力量的作用。奴役标志着人在客观世界里的社会地位。比如，在极权国家里，所有的人都是奴隶。但这还不是奴役现象学的最后真理。前面已经说过，奴役首先是一种意识结构，以及一定类型的意识的客观结构。"意识"决定"存在"，只是在次要的过程里，"意识"才受"存在"奴役。奴性的社会是人的内在奴役的产物。人生活在幻想的统治之下，幻想如此强大，已经被看作是正常的意识。这个幻想表现在一般人的意识里，即人处在外在力量的奴役之中，然而，人还处在自己的奴役之中。意识的幻想与马克思和弗洛伊德所揭露的幻想不同。人奴隶般地确定自己和"非我"的关系，这首先是因为他奴隶般地确定自己与"我"的关系。但是，由此并不能得出下面奴性的社会哲学，根据这种社会哲学，人应该忍受外在的社会奴役，只是内在地要解放自己。这是对"内在"和"外在"关系的完全错误的理解。内在解放必然要求外在解放，要求打破对社会暴政的奴性依赖。自由人不能忍受社会奴役，但他在精神上是自由的，甚至在下面的情况下亦然，如果他没有力量战胜外在的、社会的奴役。这是一场斗争，它可能是非常困难和漫长的。自由以可被克服的阻力为前提。

自我中心主义是人的原罪，是对"我"和"我"的他者、上帝、世界及其中的人之间真正关系的破坏，是对个性和宇宙之间真正关系的破坏。自我中心主义是幻想和歪曲的普遍主义。它所提供的是对世界，世界上一切实在的错误看法，这是丧失真正理解实在的能力。自我中心主义者处在客体化的统治之下，他企图把客体化变成自我肯定的工具。但他是最具依赖性的存在物，并处在永远的奴役之中。在这里隐藏着人的生存的最大秘密。人是其周围外部世界的奴隶，因为他是自己的奴隶，是其自我中心主义的奴隶。人奴隶般地服从外在的、来自客体的奴役，只是因为他自我中心主义地进行自我肯定。自我中心主义者通常都是调和主义者。成为自己奴隶的人将丧失自己。个性与奴役对立，但是自我中心主义是个性的瓦解。人受自己的奴役，他不但受自己低级动物本性的奴役，这是自我中心主义的粗俗形式，人还常常是自己高尚本性的奴隶，这一点更重要和更令人不安。人常常是自己精致的"我"，远离动物的"我"的奴隶，他还常常是自己的高尚观念，高尚情感，自己天赋的奴隶。人可能完全发现不了和意识不到，他把高级价值转变成自我中心主义的自我肯定的工具。狂热就是这种自我中心主义类型的自我肯定。在那些讨论宗教生活的书里揭示的是谦卑可能转变成最大的高傲。谦卑人的高傲是最大的绝境。法利赛人是这样一种类型的人，他把对善和洁净的律法上的忠诚，对崇高观念的忠诚，转变成自我中心主义的自我肯定和自满。甚至神圣性也能转变成自我中心主义和自我肯定的形式，并成为虚假的神圣性。被抬高的、观念的自我中心主义总是偶像制造，是对观念的错误态度，这个错误态度将取代对待活生生上帝的态度。自我中心主义的所有类型，从最低级到最崇高的，永远都意味着人的奴役，人受自己的奴役，通过这个奴役而受周围世界的奴役。自我中心主义者是受奴役者和奴役者。在人的生存里存在着观念的奴性辩证法，这是生存的辩证法，而不是逻辑的辩证法。最可怕的人是偏执错误观念，并在这些观念基础上进行自我肯定的人，这既是残暴地统治自己的人，也是残暴地统治他人的人。观念的残暴统治可能成为国家和社会制度的基础。宗教的、民族的以及社会的观念同革命和反革命的观念一样，都可能发挥奴役者的作用。观念以奇怪的方式服务于自我中心主义的本能。自我中心主义的本能又服务于残害人的观念。内在和外在的奴役总是能够获得胜利。自我中心主义者总是陷入客体化的统治。把世界看作是自己手段的自我中心主义者总是被抛向外部世界，并依赖于它。人受自己的奴役常常采取个人主义诱惑的形式。

二

个人主义是个复杂现象，不能简单地评价它。个人主义既可能有肯定意义，也可能有否定意义。人格主义常常被称为个人主义，这是由于术语上的不精确性造成的。人被称为个人主义者是根据他的性格，或者是因为他是独立的、独特的，在自己的判断上是自由的，不与周围环境混淆并超越它，或者是因为他封闭于自身、没有能力交往、轻视他人，是自我中心主义者。在严格意义上，个人主义来自"个体"一词，而不是来自"个性"。肯定个性的最高价值，保卫个性自由地实现生命可能性的权利，个性对完满的追求，都不是个人主义。关于个体和个性之间的区别已经说得够多了。在易卜生的《彼尔·金特》里所揭示的是个人主义绝妙的生存辩证法。易卜生提出这样一个问题，成为自己，成为忠实于自己的人，是什么意思？彼尔·金特想成为自己，成为独特的个体，但他完全丧失和断送了自己的个性。他恰好成为自己的奴隶。文化精英阶层的美学化个人主义在现代小说里获得揭示。这个个人主义是个性的瓦解，是完整的个性分裂为支离破碎的状态，是人受自己的这些分裂状态的奴役。个性就是内在完整性和统一，是自己控制自己，是对奴役的克服。个性的瓦解就是个性分裂成独立的和自我肯定的理智、情感和感性因素，即人的核心在瓦解。只有精神原则支持心理生命的统一并塑造个性。如果人只用分裂的因素去对抗奴役力量，而不是用完整个性，那么他将陷入各种不同形式的奴役之中。人的奴役的内在根源与人的分裂部分的自律，与内在中心的丧失相关。分裂为部分的人很容易服从恐惧的情感，恐惧是最能够把人控制在奴役之中的东西。恐惧将被完整的、集中的个性所克服，被个性尊严的紧张体验所克服，但是恐惧不能被人的理智、情感和感性因素克服。个性是整体，与个性对立的客体化世界是部分。只有完整的个性，最高存在的形象才能够意识到自己是从一切方面都与客体化世界对立的整体。人受自己的奴役，这种奴役使他成为"非我"的奴隶，并永远意味着分立性和分裂性。一切偏执，无论是偏执低级情感，还是偏执崇高的观念，都意味着人的精神中心的丧失。心理生命的旧的原子理论是错误的，它从独特类型的心理化学里导出心理过程的统一。心理过程的统一是相对的，它很容易被破坏。积极的精神原则能够综合心理过程，并使之走向统一。这就是个性的塑造。具有核心意义的不是心灵观念，而是完整人的观念，完整的人统摄着精神、心理和肉体的原则。紧张的生命过程可能破坏个性。强力意志不但是对该意志所指向的人是危险的，而且对该意志的主体也是危险的，它破坏性地发挥作用，并奴役着被强力意志所控制的人。在尼采那里，真理是由生命过程和强力意志建立的。但这是最反人格主义的观点。强力意志不能提供认识真理的可能性。真理丝毫不为追求强力的人，即追求奴役的人服务。在强力意志里起作用的是人身上的离心力，表现出来的是没有能力控制自己和抵抗客体世界的统治。受自己的奴役和受客观世界的奴役是同样的奴役。对统治、强力、成功、荣誉、生命享受的渴望永远是奴役，是对自己的奴性态度，是对世界的奴性态度，这个世界已经成贪欲和淫欲的对象。权力的贪欲是奴性的本能。

坚信个人主义是个体的人及其自由对永远强迫他的周围世界的对抗，这是人类的幻想之一。实际上，个人主义是客体化，并与人的生存的外化相关，这是很隐蔽的，不是立即能被发现的。个体是社会的部分，是类的部分，是世界的部分。个体是部分与整体的隔绝，或者是部分对整体的反抗。成为某个整体的部分，哪怕是为了反抗这个整体，意味着已经成为被外化的东西了。只有在客体化世界里，即在异化的、无个性的和决定论的世界里，才有表现在个人主义里的那种部分和整体的关系。个人主义者相对于宇宙在孤立自己和肯定自己，他把宇宙完全理解为对他的暴力。在一定意义上，个人主义是集体主义的反面。近代精致的个人主义其实已经很古老了，它起源于彼特拉克和文艺复兴时代，这是逃避世界和社会，转向自己，转向自己的心灵，转向抒情诗、诗歌和音乐。人的心理生活被大大地丰富，但是也出现了个性的不和谐过程。人格主义完全是另外一种东西。在这里，个性包含宇宙，但是这个对宇宙的包含不是发生在客体性的意义上，而是发生在主体性的意义上，即发生在生存的意义上。个性意识到自己根源于自由王国，即根源于精神王国，并从那里汲取斗争和积极性所需的力量。这就意味着成为个性，成为自由人。个人主义者实际上根源于客体化的世界，根源于社会和自然界，他企图在这种情况下孤立自己，使自己与他所属的世界对立。实际上，个人主义者是社会化的人，但是他把这个社会化体验为暴力，他因这个社会化而痛苦，他在孤立自己，并无力地反抗着。这是个人主义的悖论。比如，虚幻的个人主义表现在自由的社会制度里。这个制度实际上就是资本主义制度。在这里，个人主义为经济力量和利益之间的争斗所压迫，它自己受压迫，也压迫他人。人格主义则拥有共通性的趋势，它企图确定人与人之间兄弟般的关系。个人主义在社会生活中企图确立人与人之间弱肉强食的关系。值得注意的是，伟大的创造者实际上从来都不是个人主义者。他们常常是孤独的和不被承认的，常常与周围环境发生激烈冲突，与业已确定的集体意见和判断发生激烈冲突。但是，他们总是意识到自己的服务使命，拥有普遍的使命。把自己的天赋和天才看作是特权和对个人主义孤立的证明，这是最荒谬不过的了。有两类不同的孤独，创造个性的孤独，这个个性体验着内在普遍主义和客体化普遍主义之间的冲突，还有一类是个人主义者的孤独，他用自己的贫乏和无力来同这个客体化普遍主义对立，但实际上他隶属于这个客体化普遍主义。有内在完满的孤独，也有内在空虚的孤独。有英雄主义的孤独，也有失败的孤独；有作为力量的孤独，也有作为无力的孤独。只为自己寻找消极唯美主义安慰的孤独通常属于第二种类型。托尔斯泰感觉自己十分孤独，甚至在自己的追随者中间也是孤独的，但他属于第一种类型的孤独。一切先知式的孤独都属于第一种类型。令人惊奇的是，个人主义者所固有的孤独和异化一般都导致服从虚假的共性。个人主义者很容易成为调和主义者，并服从异己的世界，他对这个世界无能为力。在革命和反革命里，在极权国家里就有这样的例子。个人主义者是自己的奴隶，他遭到的诱惑来自自己的"我"的奴役，因此他不能抵抗来自"非我"的奴役。个性则是对"我"的奴役和"非我"的奴役的摆脱。人总是通过"我"，通过"我"所处的状态而成为"非我"的奴隶。客体世界的奴役力量可能使个性成为受难者，但不能使它成为调和主义者。作为一种奴役形式的调和主义总是利用人的某些诱惑和本能，利用人受自己的"我"的某些奴役。

荣格确定两种心理类型：指向内部的内倾类型，指向外部的外倾类型。这个区分是相对的和有条件的，如同一切分类一样。实际上在同一个人身上可能有内倾性和外倾性。不过，我现在感兴趣的是另外一个问题。在什么程度上，内倾性可以标志自我中心主义，而外倾性标志异化和外化？歪曲的内倾性，即丧失个性的内倾性，就是自我中心主义，歪曲的外倾性就是异化和外化。但是，内倾性自身可能意味着向自己的深入，向在深处展开的精神世界的深入，同样，外倾性可能意味着指向世界和人的创造积极性。外倾性也可能意味着人的生存向外抛，并意味着客体化。这个客体化是由主体的一定指向造成的。值得注意的是，人的奴役的原因既可能是人完全被自己的"我"所吞没，并集中在自己的状态里，看不见世界和人，也可能是人完全被向外抛，抛向世界的客观性，因此丧失对自己的"我"的意识。这两种情况都是主观和客观分裂的结果。"客观"或者完全吞没和奴役人的主观性，或者引起人的主观性的排斥和厌恶，把人的主观性孤立和封闭在自身之中。客体相对于主体的这种异化和外化就是我所谓的客体化。完全被自己的"我"所吞没的主体就是奴隶，如同完全被抛向客体的主体是奴隶一样。在这两种情况下个性都在瓦解，或者还没有形成。在文明的最初阶段，主体向客体、向社会团体、向环境、向氏族的抛出占主导地位，在文明的顶峰阶段，占主导地位的是主体被自己的"我"所吞没。但在文明的顶峰阶段还发生着向原始种群的复归。自由个性是世界生命的稀有花朵。大多数人不是由个性构成的，在这个大多数人那里，个性或者还处在潜在状态，或者已经瓦解。个人主义根本不意味着个性在上升，或者，它意味着个性在上升，但那只是用词不准确的结果。个人主义是自然主义哲学，人格主义则是精神哲学。使人摆脱世界的奴役，摆脱世界外在于人的力量的奴役，就是使人摆脱自己的奴役，摆脱自己"我"的奴役力量，即摆脱自我中心主义。人应该同时成为精神上内倾的、内化的和外倾的，并在自己的创造积极性里走向世界和人。

第三章

第一节

一、王国的诱惑

国家的双重形象

1

人类历史的最大诱惑是王国的诱惑，其中隐藏着最大的奴役力量。在历史上，王国的诱惑采取各种不同的形式。这个诱惑不断改变自己，使人陷入迷雾之中。伟大王国的诱惑在人类整个历史时期内都没有离开过人：古代东方的诸帝国、罗马帝国、教皇的神权政治制度、神圣的拜占庭帝国、作为第三罗马的莫斯科王国、彼得的帝国、第三德意志王国。王国的整个令人不安和混乱的问题都与人具有统治的使命相关。人在寻找自己的王国，被王国的幻想控制。他在寻找自己的王国，并为它的建立贡献自己的力量。但是，这个王国却使他成为奴隶。人并不总是能够发现这一点，他并不认为甜蜜的奴役是奴役。在对王国的寻找中，人投入了自己对普遍性的渴望。他把自己梦寐以求的王国等同于世界的统一，等同于人类的最终联合。王国的诱惑是基督在旷野里拒绝的诱惑之一。魔鬼从高山上"将世上的万国和万国的荣华"都指给基督，并建议敬拜它们。[1]也许，在这些王国中间向基督的精神视野展现的还有此世的所有王国，它们将自称为基督教王国，还有直到时间终结的所有王国变种。基督拒绝了这个诱惑，永远地拒绝了，并且是拒绝了世界上所有的王国。基督徒没有跟随基督，而是向王国敬拜，亵渎神明地把基督王国同此世王国混淆、结合。基督号召首先寻找上帝的国和他的义。[2]基督徒寻找的是一切自动会加给他们的东西，他们害怕了，他们感到恐惧的是，寻找上帝的国对此世王国而言是破坏性的。在这一点上，他们改变了基督的事业，如同陀思妥耶夫斯基笔下的宗教大法官所说的那样。在《宗教大法官的传说》里揭示了王国的永恒诱惑的绝妙的生存辩证法，这是对基督教无政府主义最强有力的论证，尽管陀思妥耶夫斯基自己并没有摆脱王国的诱惑（东正教神权政治）。把恺撒的物归给恺撒，把神的物归给神[3]，这一点一般被解释为使恺撒的王国与上帝的国和解，解释为消除冲突。然而，基督的一生就是这个达到极度紧张的冲突。实际上，"恺撒王国"从来也不愿意承认"上帝国"是独立的领域，并总是要求"上帝国"的服务，总是努力把"上帝国"变成自己的工具。当基督教适应恺撒王国，并服务于它时，恺撒王国容忍了基督教。在这个服从的条件下，恺撒的王国给基督教以各种特权。现在被称为极权国家的那个可怕的生活现象，根本不是一定时代暂时和偶然的现象，这是对国

---

① 参见《马太福音》(4：8)。——译者注
② 参见《马太福音》(6：33)。——译者注
③ 参见《马太福音》(22：21)。——译者注

家、王国的真正本质的揭示。极权国家自己想成为教会，组织人们的灵魂，统治这些灵魂、良心和思想，不给精神自由、"上帝国"的领域以任何位置。就自己的本质而言，国家觊觎普遍的、无所不包的意义，不想同任何人、任何事物分担自己的主权。应该在王国、帝国和国家之间作出区分。国家还拥有分立的特征，它还意识到自己的界限。国家的因素和国家的功能在人类一切共同生活中都存在。在国家里包含着对强力的意志，其中已经有一种帝国的毒素。国家的扩张把它引向帝国，帝国已不再有分立的性质，而是拥有普遍的特征。这是国家命中注定的辩证法。英国是个小国，但不列颠帝国则是世界王国。神圣拜占庭王国和俄罗斯王国都觊觎普遍的意义。第一、第二和第三罗马都是普遍的王国。实际上，意识到自己的使命和自己王位的神圣性的皇帝就是普世皇帝。如果国家渴望成为帝国，那么帝国则渴望成为普世帝国。帝国—王国意识到自己的这个普世性，不是因为王国遍布全球的表面，而是因为它建立在真正的、普世的信仰基础上。国家总是企图成为极权国家。所有神权政治国家都是极权的，所有帝国都是极权的。柏拉图的共和国也是极权的，这是一个绝对专制的国家，它否定人的个性的任何独立性和自由。它是中世纪神权政治体制的原型，现代极权国家的原型。我们在这里遇到的是世界性的原则，具有世界意义的现象。从福音书里可以得知，统治世界的始终是"魔鬼"，它是国家和帝国的首领。但"魔鬼"不是被置于上帝国和魔鬼王国之间中性地带的中性面孔，它是极其反动和富有侵略性的，总是侵害精神自由和上帝国的领域。"魔鬼"处在人的本质的客体化、外化和异化的极限之中。上帝国和恺撒王国之间的冲突用哲学语言来说就是主体和客体的冲突，自由和必然的冲突，精神和客体化自然界的冲突。这还是那个有关人的奴役的问题。

在个性道德，特别是福音书、基督教的道德和国家的道德，王国的道德，"魔鬼"的道德实践之间发生了彻底分裂。对个性而言被认为是非道德的，对国家而言被认为是完全合乎道德的。国家总是利用野蛮手段，如特务活动、谎言、暴力、杀人等，区别只是程度不同。无可争议的是，这些手段是很不道德的，但它们总是被良好和高尚的目的所证明。关于这个目的的质的问题就不用说了，应该指出的是，这个似乎是良好和高尚的目的从来也没有被实现过。充满人类生活的正是手段，并且是很不道德的手段，在生活道路上人们忘记了目的，而且说实话，目的不能证明任何东西，它完全是抽象的，是分裂的结果。任何人、任何时候都不能清楚地解释和证明，为什么个人的毫无疑问的缺陷和罪过，如高傲、自负、利己主义、自私自利、仇恨、残忍和暴力、谎言和阴谋诡计等，对国家和民族而言则是美德和高尚品质。这是世界历史的最大谎言。任何人、任何时候也没有在形而上学和宗教的意义上证明国家道德、集体道德，以及这种道德所固有的"一切都是允许的"。当基督教思想家们企图这样做的时候，那么，这个谎言证明了他们的无耻和奴性。能够听见的只是奴性道德的声音，而为什么会发生对上帝国的接近，为什么上帝国要战胜有组织的谎言，战胜有组织的特务活动、战胜死刑、战胜强盗式的战争、侵占别人的土地、对民族的暴力、战胜民族利己主义和民族仇恨的增长，战胜可怕的社会不平等和金钱统治，这却成了不可理解的。如果个别人的忏悔和谦卑是有益的，那么更有益的是集体、国家、民族和教会也走上忏悔和谦卑的道路。这也将是构成这些集体的人的更广泛和更深刻的忏悔和谦卑。个性的高傲与民族的高傲，与国家、阶级、宗教信仰—教会的高傲相比，并不那么可怕。团体的自我肯定是最没有出路的。那些不去想任何上帝的国，不去想任何上帝的义，而只是敬拜人间力量的人，他们具有明显的优势。基督教意识不允许人追求强力、荣誉、对其他人的统治、高傲的伟大。但是，如果把这一切都转移到国家和民族上来，那么这一切都是允许的和能够获得证明的，甚至是可以提倡的。如果国家和民族是个性，适用于这个个性的是与人的道德不同的另外一种道德，那么，人就不是个性，人是奴隶。把泛神论的趋势转移给国家、社会和民族，并在此基础上承认它们重于人，没有比这样做更令人厌恶的了。应该指出的是，政治永远建立在谎言的基础上。所以，道德训诫（不但是基督教的，而且是普通人的）应该意味着要求让政治及其对人的生活的虚假统治达到最低限量。政治总是人的奴役的表现。令人吃惊的是，政治从来也不是高尚或善良的体现，而且也不是智慧的体现。所谓伟大的国务活动家和政治活动家没有说过任何智慧的东西，他们所说的都是些普通的思想，平常的、适合于中等人的东西。就是拿破仑也没有说出任何特别智慧的东西。他从法国大革命那里获得世界民主，以及欧洲和众国的思想，他自己对此又补充了对强力的魔鬼般意志，还有贪婪的帝国，正是这个帝国把他毁灭了。只有催眠术才迫使人们去想，拿破仑说过思想深刻的东西。托尔斯泰知道伟大的历史活动家的价值，也理解历史伟大事件的渺小。而且，这些伟大的活动家，国务活动家中大多数都表现出犯罪、伪善、阴险和卑鄙。仅仅是因为如此，他们才被认为是国务活动家。在最后审判里，他们将位列最后。应该把使人摆脱奴役的社会改革者看作是例外。个性良心所面临的道德和宗教问题可以很简单地表述如下：为了国家的拯救和昌盛是否可以杀害一个无辜的人？在福音书里该亚法的话里提出这样一个问题："独不想一个人替百姓死，免得通国灭亡，就是你们的益处。"① 众所周知，这些话解决了谁的命运：国家总是重复该亚法的话，这是国家信仰的内容，国务活动家总是回答说，为了国家的拯救和昌盛可以而且应该杀害无辜的人。在这里，每一次都出现赞成钉死基督的声音。在国家里留下了魔鬼的痕迹，因为国家总是发出赞成杀害基督的声音，这就是国家的劫难。在德莱福斯事件里提出了同样的问题。② 这个问题指的是，是否可以审判一个无辜的人，如果这对法国国家和军队是有利的。法国人把这个问题变成荣誉问题，民族的道德良心问题，这给法国人带来了巨大的荣誉。实际上，这是个价值等级的取向问题。不但国家的存在不是最高价值，就是世界的存在，这个客体化世界的存在，也根本不是最高价值。一个人的死亡，哪怕他是最渺小的一个，与国家和帝国的灭亡相比，是更重要和更具悲剧性的事件。③ 上帝未必注意到世界上最大王国的灭亡，但他非常关注个别人的死亡。这还是索福克勒斯在安提戈涅和克瑞翁之间的冲突里所提出的那个问题。④ 这是个性道德、人性的道德（坚持安葬自己哥哥的权利）和国家的无个性、无人性的道德（否定这个权利）之间的冲突。与国家道德相比，个性道德永远是正确的，它是人性的道德，是生存的道德，与非人性和客体化的道德对立。人们现在企图把尼采当作法西斯主义和民族—社会主义道德的奠基人，即该亚法和克瑞翁等人道德的奠基人。然而，尼采说国家是最冷酷的东西，只有在国家结束的地方，才开始有人。需要在世界上进行彻底的、革命性的、人格主义的价值重估，只有这时才

---

① 《约翰福音》（11：50）。——译者注
② 19 世纪末发生在法国的一起冤案。——译者注
③ "事件（событие）"原文为"存在（бытие）"，疑有误。——译者注
④ 索福克勒斯（约公元前 496—前 406），古希腊悲剧诗人。安提戈涅和克瑞翁是其作品《安提戈涅》里的主人公。——译者注

可能发生深刻的社会变革。

2

无疑，国家拥有对人的生活的最大权力，它总是有一种跨越为其设立的界限的倾向。这充分证明，国家代表着某种实在。国家不是个性，不是存在物，不是有机体，不是本质（essentia），它不拥有自己的生存，因为生存总是在人那里，生存的中心在人那里。然而，权力的魅力是不可战胜的。当然，国家是人自己的状态的影射、外化和客体化。在人们的一定状态下，在他们生存的某些特征的基础上，国家的权力是不可避免的。这就是堕落的状态。但是，人们把自己的创造本能奉献给国家建设。人们不但需要国家，没有国家的服务是不行的，而且他们也被国家诱惑和俘虏，并把自己关于王国的梦想与国家联系在一起。这就是主要的恶，是人的奴役的根源。在人们的社会生活中，国家具有功能性的意义。在不同时期，国家的作用是不同的。国家在双重化，具有双重形象。它可能解放人，也可能奴役人。国家奴役人的作用总是与对它的错误态度相关，与那些认同国家催眠作用和暗示的人的内在奴役相关，与关于王国的错误梦想相关。国家催眠作用的根源不是理性，而是非理性。权力总是具有非理性的特征，并依靠非理性的信仰和非理性的情感生活而存在。国家在实现自己的强力意志时，总是需要神话。没有非理性的象征，国家就不能存在。就是最理性的民主国家也依靠神话。比如，卢梭关于普遍意志（原文为法语，volonté générale）无罪的神话就是如此。巨大的危险不在国家观念自身里，国家在执行必要的功能，而是在国家的**主权**观念里，在神权政治、君主制、贵族制、民主制、共产主义的主权观念里。一切形式的主权观念都是人的奴役。对主权的寻找自身就是巨大的谎言，是奴性的寻找，是奴隶的梦想。主权观念是由客体化世界产生的幻想，这个世界是奴役的世界。不存在任何主权，主权不属于任何人，必须摆脱主权这个奴性的思想。主权是一种催眠术。主权总被认为是神圣的，然而，在客体化世界里没有任何神圣的东西，只有假圣物和偶像。精神从来不在国家里化身，不在历史实体里化身。精神化身在人的身体里，在人的交往里，在人的创造里，在人的面孔和个性里，而不在国家里，不在历史的沉重躯体里。在客体化世界里只有一些必要的功能，仅此而已。这才是解放的思想。主权不属于人民，同样也不属于君主。权力和统治的基础是君主制图腾崇拜的观念。君主曾是图腾。这一点在古代埃及是十分明显的。此后，人们总是为权力寻找宗教的恩准。就是在 20 世纪也根本没有摆脱这一点。主权的民族，主权的阶级，主权的种族，所有这一切都是图腾的变化了的新形式。领袖（原文为德语，Führer）—独裁者还是那个图腾。像弗雷泽指出的那样，在历史之初，巫师和能治病的人变成了皇帝。但是，当代的领袖—独裁者又变成了巫师，也许，很快就开始着手为人治病。在古代世界里，如在斯巴达，皇帝被认为是有神圣的来源。但是在 20 世纪，独裁者、专制君主也被认为是有神圣来源的，被认为是民族之神、国家之神或社会集体之神的流溢。我们到处都能遇到主权的神秘主义，民族、集体和党派的神秘主义。这是人的奴役的永恒现象。独裁和暴政现象意味着拥有权威的旧的权力原则已经瓦解和灭亡。神圣权力的新象征在形成。独裁和暴政通常是内在无政府状态的反面，是缺乏信仰上的统一的反面。而且，新权力到处在巩固自己的象征，它通常表现出比旧权力更大的对强力和统治的意志，旧权力依靠的是古老传统。这是暴发户（parvenu）的特征。有个别思想家企图否定主权的思想，但却是无力的。如本杰明·贡斯当、罗伊-克拉尔、基佐等都否定主权。① 他们断定，主权不属于意志（君主或人民的意志），而属于理性。但是他们滞留在缺乏动力的自由主义思想范围内，而且与资产阶级的特权相关。无政府主义者也否定主权，尽管不是很彻底，因为多数无政府主义者都是集体主义者。

3

无政府主义是个性与国家，社会与国家关系思想的一端。对无政府主义的评价应该是双重性的，因为在其中有两个不同的方面。在对待国家主权和一切形式的国家绝对化态度上，无政府主义有毫无疑问的真理。此外，无政府主义也对专制集中的谎言进行揭露。在无政府主义里还有宗教真理。无政府主义是唯物主义，而且常常是如此，这样的无政府主义实际上是荒谬的。完全无法理解的是，人应该用来反抗社会和国家专制统治的那种自由建立在什么基础上。并且，大多数无政府主义学说不是用人的个性自由来对抗社会和国家的统治，而是用人民自发力量的自由来对抗国家统治，让人民的集体成为独断的主人。无政府主义可以成为残暴的，用炸弹武装的，同样可以成为温和的、安宁的，相信人的本质之善的。应该承认马克斯·施蒂纳的无政府主义是更深刻的，从另外一方面看，还有托尔斯泰的无政府主义也是十分深刻的。与无政府主义有关联的是形而上学和宗教意义上的问题。无政府主义的宗教真理在于，对人的统治与罪和恶相关，完善的状态是无人管理状态，即无政府状态。上帝的国是无人管理和自由，统治的任何范畴都不能用于上帝国，它是无政府状态。这是否定神学的真理。无政府主义的真理是否定

---

① 本杰明·贡斯当（1767—1830），法国作家和政论家；罗伊-克拉尔（1763—1845），法国政治活动家和哲学家；基佐（1787—1874），法国历史学家和政治活动家。——译者注

的真理。国家和权力与恶和罪相关，因此它们不能被转移到任何完善的状态里。使人摆脱奴役就是获得无人管理状态。人是个自我管理的存在物，他自己应该管理自己，而不应该管理他，在这里包含着最高的真理。这个真理的余晖在民主制度里有，这就是民主制肯定的、永恒的方面，但实际上这个方面总是被歪曲。人的自我管理总是意味着在内在自由和外在自由之间获得了一致。对人的统治则是恶，甚至是一切恶的根源。只有托尔斯泰使无政府主义观念达到了宗教的深度。这个深度在其勿以暴力抗恶的学说里有，但人们常常不理解这个学说。实际上，托尔斯泰指责基督徒，说他们为了以防万一竟如此安排人生，以便他们甚至在没有上帝的情况下也能顺利地生活，因此他们才求助于权力和暴力。托尔斯泰则建议，为了对上帝和上帝本质的信仰应该拿一切去冒险。他相信，如果人们不再实施暴力，不再求助于权力，那么就会出现历史的奇迹，上帝自己就会干预人的生活，上帝的本性就会行使自己的权利。人的抵抗和暴力将影响上帝本性发挥作用。无论如何，这都是一种深刻的提问方式，比无政府主义者—唯物主义者要深刻，他们总是号召使用暴力，从另外一端引进权力和强迫。托尔斯泰的错误在于，他太不关心暴力和强迫的牺牲者，似乎认为没有必要保卫他们。与此相关的是，在我们的生存条件下，在恶存在的条件下，在人们的暴力意志存在的条件下，无法彻底地消除国家。在这里，我们遇到无政府主义的否定方面及其虚假的幻想。国家应该保卫自由和权利，这是它的证明。但是，对国家的任何形式的绝对化都是巨大的恶。国家权力不拥有任何主权。国家应该被限制，并纳入应有的界限之内。不能允许彻底地对人的生存进行客体化，受强力意志控制的国家就要求这样的客体化。极权国家是撒旦的王国。国家无权干涉精神和精神生命。然而，国家总有这样一个趋势，即要求思想、创造、精神生命迎合自己（神权政治、专制君主制、在虚假民主制里金钱的秘密专制、雅各宾派、法西斯主义）。极权国家的观念根本不是新的，这只是国家的永恒趋势、对强力的永恒意志、对人的永恒奴役的更彻底和更极端的表现。当无政府主义反对对国家的理想化和狂热化，反对把理想的、应当的价值加给国家（弗兰克）时，它是对的。权力经常制造恶，并为恶服务。执掌权力的人常常从坏人里选，而不是从好人里选。圣路德维希是历史上少有的现象 [①]，拥有权力的人也很少有为了人的名义而把自己的力量奉献给社会变革，一般都把自己的力量用于自己的权力、国家和民族的力量的增长。人们常常用国家的伟大来掩盖人和社会阶层自私自利的目的。一切卑鄙行为都能被国家利益给证明。为了国家的强盛和权力的威信，个人和民族遭到残害。国家最不尊重人的权利，尽管它的唯一任务就是保卫这些权利。通常认为特权阶级和统治阶级是国家利益和统一的代表。无政府主义反对国家谎言，其真理就在于，国家不应该为自己设立"伟大的"目的，并为了这些似乎是伟大的目的而牺牲个人和民族。与人相比，伟大的王国，伟大的帝国都是微不足道的。国家为了人而存在，但不是人为了国家而存在。这是安息日是为了人这个真理的个别情况。权力、政府只是仆人，只是人的权利的保卫者和保障者，仅此而已。只能容忍这样的国家，它们拥有人的价值的象征，而不是国家伟大的象征。不过，国家权力还将保留自己相对的功能意义。田园诗般的、无国家生活的无政府主义乌托邦是谎言和诱惑。

---

① 圣路德维希（1214—1270），又译路易，即圣路易九世，法国卡佩王朝国王（从 1226 年开始），曾领导第五、六次十字军远征，1297 年被列为圣徒。——译者注

第三章

　　无政府主义的乌托邦建立在幼稚的一元论哲学基础上，它完全不愿意承认个性与世界及社会的悲剧冲突。无政府主义乌托邦根本不意味着人的解放，因为它不是建立在人的个性首要地位的基础上，而是建立在无国家的社会，社会集体的首要地位的基础上。令人惊奇的是，无政府主义乌托邦从来不是人格主义的。无政府主义乌托邦最终还是王国梦想的形式之一。王国的梦想可能是无国家王国的梦想。但在这个无国家的王国里，人的个性可能遭到暴力和奴役。放弃奴役个性的王国梦想也是放弃无政府主义乌托邦，也是放弃一切人间乌托邦，在人间乌托邦里总是有对人的奴役。摆脱奴役首先是摆脱一切强力意志，摆脱任何作为权利的统治。统治的权利不属于任何人，任何人都没有进行统治的权利，无论是个别人、是被选出来的人的团体，还是整个民族。这不是统治的权利，而是统治的沉重义务，这义务是一种有限的功能，即保卫人。在某些方面，甚至应该扩大国家的功能，比如在经济生活中。不能允许有挨饿的人、为需求所迫的人、失业者，不能允许有对人的剥削。国家的主要目的就应该是使这一切不能发生。国家首先是个保障的、中介的和监督的机构。国家对经济的关心不是建立在国家在经济生活中的权利基础上，而是建立在个人经济权利首要地位的基础上，建立在对这个个人权利的保障基础上。这是个体的人，人的个性通过消灭经济特权而获得的解放。国家应该保证自治领域的秩序。国家对人而言是需要的和必须的，但这恰好表明，在价值等级里，国家属于低层次价值。这样确定的价值次第也有一个问题。人的生存所需要和必须的一切都属于低级价值。经济价值就是这样的价值。不应该从童年时代就让人们确信，最高价值是国家，而不是人的个性，国家的强大、伟大和荣誉就是最高的和最应当的目的。人的灵魂被这些奴

131

性的暗示给毒害了。实际上，就自己的真正功能而言，国家应该类似于联合体。人不应该迷恋任何形式的国家。人的整个价值与之相关的对自由的爱不是自由主义，民主或无政府主义，而是某种无可比拟地更深刻的，与人的生存形而上学相关的东西。国家有时被确定为对混乱的组织，确定为对等级社会秩序的建立。确实，国家不允许人类的社会生活彻底地混乱瓦解。但是，在对国家的强迫组织的背后毕竟还蠕动着一种混乱，它被国家所掩盖。在独裁国家里最容易形成混乱。恐惧永远是混乱的表现，是内在混乱的表现，是黑暗深渊的表达。根据孟德斯鸠的意见，民主的观念就是在美德的基础上建立国家。然而，混乱也在民主内部蠕动，因此也有恐惧出现，尽管这里的恐惧要比在其他形式的政治体制里少。对敌人的恐惧，对恶的恐惧最能歪曲政治生活。国家永远在与敌人斗争，包括内部和外部的敌人。国家权力被恐惧所歪曲，它不但产生恐惧，而且也体验恐惧。被恐惧控制的人是最可怕和最危险的人，被恐惧控制的国家政权尤其可怕。正是被恐惧控制的人才实行最大的暴力和残酷。暴君总是被恐惧控制。国家中的魔鬼原则不但与强力意志相关，而且还与恐惧相关。自由是对恐惧的克服。自由人自己不恐惧，也不制造恐惧。托尔斯泰思想的伟大之处就在于，他渴望使人的社会生活摆脱恐惧。革命常常是被恐惧控制的，因此实施暴力。恐怖行动不但是它所指向的人的恐惧，而且也是实践该行为的人自身的恐惧。在国家和革命里有恐怖行为。恐怖行为是人的生存的客体化的产物，是向外抛的产物，是社会有组织的混乱，即瓦解、异化和不自由。

权力与人民处在相互依赖和相互奴役的状态。领袖至上主义与个性原则深刻对立，它也是相互奴役的一种形式。领袖和把领袖推举出来的人民大众是同一个层次上的奴隶。也许，在国家里最令人厌恶的疾病，一种由国家权力原则自身所产生的疾病就是官僚主义。任何国家都不能没有官僚政治。官僚政治是国家自己的权力发展、扩展和增长的命中注定的趋势，即把自己看作是要求服从的主人，而不是人民公仆。官僚政治是由国家集中的过程产生的。只有非中心化才能预防官僚政治发展的危险性。官僚主义也能腐蚀社会主义的党派。我们看到，社会主义国家最沉重的和否定的方面就是它所固有的官僚政治加强和扩展的趋势。官僚主义是非人格主义化的最极端形式。这是不承认个性的王国，它只承认号码，非个性的单元。这是和资本主义世界里的金钱王国一样虚幻的文牍主义王国。只有在客体化世界里，即在异化、决定论、无个性的世界里，官僚政治和金钱，特务活动和谎言才占统治地位。这是丧失了自由，丧失了在爱和仁慈中结合的世界的必然性质。这些性质在一定程度上也为国家所固有。一切肯定自己是神圣的理想，在自己身上佩带神圣标志的王国，命中注定都获得了同样的性质：官僚主义、谎言、特务活动、血腥暴力。迷恋王国理想，为国家辩护的思想家们都喜欢用这样一种表述，"这是国务活动家"，"这是个在国家层面上思考的人"。在大多数情况下，这个表述没有任何意义。实际上这个表述意味着，被认为是国务活动家的人丧失了人性感觉，他只是把人看作国家强力的工具，不会停止任何暴力和杀人。所有的"国务活动家"都是如此。他们是奴隶和偶像崇拜者。他们所忠实的偶像要求血腥的人祭。有人起来反抗权力当局所行的残酷和暴力，反抗野蛮力量的统治。伤感主义者针对这些人所作的评价在道德上是最令人厌恶的，同时又是很时髦和平庸的。这是建立在人的最低级情感基础上的游戏。福音书就应该被认为是伤感的书，任何建立在人格尊严和对人的痛苦的同情基础上的伦理学也应该被认为是伤感的。实际上，伤感主义是虚假的多愁善感，而伤感的人可能是十分残忍的。罗伯斯庇尔、捷尔任斯基、希特勒都是伤感主义者。残忍可能是伤感的反面。应该宣传一种更严肃的，我甚至说，是一种更冷淡的关于人性和怜悯的伦理学。需要对自由的英雄主义的爱，它肯定每一个人的存在物，以及每一个一般的存在物的尊严，它充满着怜悯和同情，但是与虚假的伤感主义格格不入。那些指责别人为伤感主义者的人，一般都是偶像崇拜者，是偏执的人和奴隶。必须揭露这些可怕的反伤感主义者，与他们进行无情的斗争。这是些暴虐者，是被扭曲的人，他们应该被制服。首先应该揭露的是，把残忍和暴力与伤感主义对立起来，在哲学上这是荒谬的。一切残忍和施暴的人都是软弱的人、无力的和病态的人。强者是赋予者，是助人者，是解放者，是爱着的人。一切奴役者都是被奴役的人，在某种形式上是具有怨恨（ressentiment）感的人。在施虐本能的基础上论证国家的伟大和强盛，就是在客体化世界里丧失自由、个性和人的形象的极端形式。这是堕落的极端形式。国家曾企图使世界基督教化和人性化。这一点从来也没有完全获得成功，因为不能把基督教和人道主义的美德用于国家。不过，这一点曾部分地被实现过。19世纪曾经发生过国家人道化的某些过程，至少是在意识里曾经宣布一些人道原则，但却以国家的严重非基督教化和非人道主义化而告终。相反，对野蛮力量和暴力的崇拜被宣布为强大国家的基础，在这样的国家里暴露出魔鬼的原则。人的权利越来越被践踏。国家越是企图成为伟大的王国，帝国意志就越是获得胜利，国家就越是无人性，人的权利就越是被否定，魔鬼般的偏执就越是占据上风。任何王国都与上帝的国对立。那些寻找王国的人，不再寻找上帝的国。王国，即使是伟大、强盛的王国，也不能不奴役人。因此，但愿一切王国都结束。反国家主义的形而上学基础由自由对存在的先在性，个性对社会的先在性决定。

二、战争的诱惑与人受战争的奴役

1

国家因自己的强力意志和扩张而制造战争。战争是国家注定的命运。社会—国家的历史充满着战争。人类历史在很大程度上就是战争的历史，这个历史将走向全面战争。实际上，国家的风格是军人风格，而不是文职风格。国家权力总是被战争的象征所笼罩：军队、旗帜和勋章、军乐。君主都是军人，穿着军装，他们出现的时候，都被自己的近卫军包围着。民主共和国的总统出行则是一副可怜文职的样子，这是其巨大的优势，但在他们的后面还是军队，跟随他们行走的是穿军装的副官。权力的象征总是军事的，政权总是随时准备诉诸力量来保卫自己的威信。如果政权不与外部敌人进行战争，那么它随时准备这样的战争，并总是准备与内部敌人进行战斗。国家在军备上投入大量的资金，这能耗尽它的财政，并给人民造成沉重的负担。民族国家的生活规则是：弱肉强食。在有组织的文明国家里，人们着力最多的是准备集体屠杀，为这个非人的目的奉献的牺牲最大。说战争的存在是为了人，这个说法是错误的，不，实际上，人存在是为了战争。人类社会陷入战争的死循环，并在寻找摆脱它的出路。战争是集体的催眠，只因集体的催眠，战争才是可能的。就是那些痛恨战争，有和平主义倾向的人也处在这个催眠的控制之下。他们也不能摆脱战争的死循环。国家主权、民主主义、制造军事工业物品的资本主义，都必然导致战争。战争问题首先是价值取向问题。如果把国家和民族的强大宣布为比人更大的价值，那么，原则上战争已经被宣布，精神上和物质上已经为它作好了一切准备，战争随时都可能发生。把战争与社会制度和社会的精神状态分开，抽象地提出战争问题，这是错误的。在社会的一定精神状态下，即在具有一定价值等级的国家里，在一定的社会制度下，战争是不可避免的，抽象的和平主义没有任何力量。资本主义制度永远会导致战争，在具有和平主义倾向的政府后面总是一些做大炮和窒息性毒气生意的商人，他们时时刻刻准备着战争。战争只有在一定的心理气氛中才是可能的，这个心理气氛是通过各种方法制造的，有时是很难觉察的方法。甚至对战争的恐惧气氛都可能有利于战争。恐惧永远也不能导致善。战争的气氛，无论战争自身的气氛，还是准备战争的气氛，都是集体的气氛，是集体无意识的气氛。在这个气氛里，个性、个性意识和个性良心已经瘫痪。战争以及与之相关的一切，不但是暴力的最极端、最极限的形式，而且是反人格主义、否定个性的最极端、最极限的形式。同意参加战争的人，也不再是个性，不再认为其他人是个性。军队是一种等级的有机体，每一个人在其中都自觉是其部分，每个人都参与这个整体，并占有一定的位置。这就把人的个性推入一个十分特殊的气氛里，在其中可以有机地体验奴役和暴力，它们甚至可能令人愉快的。这是一种独特的诱惑，是受战争奴役的独特诱惑，战争已经超越了人的自然本性。战争和军队不能不把人的个性看作手段，看作非人性的整体的从属部分。国家希望居民数量增长，并鼓励生育子女，但完全从炮灰的立场出发，是为了加强军队。这是国家的厚颜无耻，却常常表现为高尚和爱国主义。奴役人的错误的价值取向必然导致对道德情感的歪曲。只有使人民大众的意识瘫痪，通过催眠的途径，通过心理和身体上的麻醉，通过恐怖（战争期间经常使用恐怖），才能迫使人民大众参加战争。社会的军事风格总是意味着暴力和对人的奴役，包括心理上和肉体上的暴力与奴役。社会的军事风格在过去占主导地位，现代社会也在向这个风格复归，因为除了暴力外，现代社会已经不再承认任何东西。斯宾塞认为，军事类型的社会将被工业类型的社会取代，工业社会将不利于战争。但是他没有理解，工业的，即资本主义类型的社会将制造新型的帝国主义战争，这个类型比以前的战争类型更加可怕。世界没有从这个死循环里走出来，这个循环更加封闭。世界从来也没有如此非人格主义化。现代战争以及对它的准备已经不再给个性原则留有任何位置。

现代青年也很容易受战争的浪漫主义控制。这是最令人厌恶的浪漫主义，因为它与杀人相关，而且没有任何基础。现代战争是可怕的散文，而不是诗歌，其中占统治地位的是昏暗的日常性。如果说过去时代的战争与个性的勇敢相关，那么，这一点完全不适合于现代的全面战争。如同在现代国家里暴露出对野蛮力量的崇拜和对强力的魔鬼般意志一样，在现代战争里也暴露出魔鬼般的世界大屠杀，它大规模地消灭人类和文明。从前的战争是局部的和有限的。现代战争是全面的和绝对的，如同现代国家企图成为极权的和绝对的国家一样。在消灭和平居民的现代化学战争里谈论军人的勇敢精神，这是可笑的。不久，甚至军队都将没有任何意义。战争完全被机械化和工业化了，它与现代文明的特征一致。而且，战争的技术是如此（发达），甚至未必会有胜利者，所有人都将成为失败者和被消灭者。被强力意志控制和遭到虚假价值诱惑的人们手里掌握着可怕的武器，与这些武器相比，从前的武器不过是儿童玩具。因此，人类命运完全取决于人们的精神变革和道德状态。强盗匪帮总是在对待自己圈子里的人和圈子外的人的态度中作出严格的区分，针对不同的圈子用不同的道德。在这一点上，进行战争的国家很像强盗匪帮。区别是，强盗有自己关于荣誉的概念，自己关于正义的概念，自己的习俗，但被权力意志控制的国家没有这些概念。现代战争的浪漫主义者喜欢谈论悲剧地接受战争。战争成了过分低级的现象，过分绝对的恶，所以，产生悲剧冲突绰绰有余。我并不认为，谈论正义战争和非正义战争是正确的。实际上，这是把道德评价用于处在一切道德之外的现象。在过去，战争常常是最小的恶，它们有时还保卫正义。现在，战争不可能是最小的恶，战争的撒旦本性现在已暴露出来。即使是过去，"神圣的"战争概念也是个亵渎神明的概念。如果说在客体化的历史里从来也没有任何"神圣的"东西，而只有虚假的神圣化，那么把"神圣的"性质加给世界之恶的极端表现，这就是撒旦的诱惑。实际上，国家从来也没有"神圣的"，战争就更不可能是"神圣的"了。当涉及现代，涉及更类似宇宙灾难的现代战争时，这一切都被深化了。军人关于荣誉的观念从来不是基督教的，而是与福音书对立的，然而，现代战争比这些关于荣誉的观念低下得多。现代战争不像决斗，而是像暗杀。极权国家不可能拥有任何荣誉观念，全面的战争也不可能有荣誉观念。荣誉观念与个性相关，在现代非人格主义化的情况下，没有荣誉观念。当所有人都被看作是奴隶或者是简单的质料时，不可能谈论荣誉问题。我们处在向新的军事社会过渡的阶段，但是与过去的军事社会相比，这里的一切都是如此赤裸裸的！现在，可以把受伤的敌人打死，也不对他们举行表示尊敬的军人仪式。从文艺复兴时代起人们就开始认为，思想、知识、科学与文学和出版书籍有重大的、首要的意义。从我们的时代起，开始了相反的运动。人们又在想，重要的是，又可以用剑来行动（但这是多么令人厌恶的"剑"），军人是显要人物，战争和杀人还是主要的手段。然而，今天靠剑行动的人已经不能用任何高尚原则来限制了，但是在中世纪，这种限制是可以的。和平与战争状态之间的区分已经模糊。和平状态也是战争状态，发动战争也不需要任何声明。现代战争是十分低级的状态，以至于都无法宣布它，人们处在过分低级的道德水平上。军事英雄主义和强力的诱惑还在继续，但这只是宣传，永远是虚假的宣传，实际上任何真正的英雄主义都是不可能的，因为英雄主义要求个性的存在。现代国家和现代战争不承认任何个性。尼采曾有过纯粹英雄主义的观念。纯粹英雄主义不能导致任何目的，无论在此世生活中，还是在彼世生活中都无法继续存在。纯粹英雄主义是英雄主义行为的瞬间兴奋，是走出时间。这是像马尔罗之类的人的诱惑。[①] 这种类型的英雄主义与近代存在过的思想高度对立。最终，这种类型的英雄主义体验与战争相关（民族间的战争或者是阶级之间的战争，反正都是一样），并适用于战争。战争自身具有这样的性质，它没有给英雄主义留下位置，也不需要英雄主义。纯粹英雄主义只能在现代技术发明里找到位置，这些发明与对自然界自发力量的克服相关。人的好战本能不可能被排除和根除，它们只能被转移到其他领域并升华。当战争魔鬼般的技术和世界性毁灭的技术使得战争成为根本不可能的（也许，这将发生在大部分人类都被消灭之后），那么人的好战本能（在崇高的意义上）应该为自己寻找另外的出路。勇敢曾经是人类社会

---

① 马尔罗（1901—1976），法国作家和政治活动家。——译者注

最初的美德。勇敢还将是美德，但它会有另外一种指向。而且勇敢的现象是复杂的。拥有军人的勇敢的人可能会表现出公民和道德方面的最无耻的怯懦。只有追求强力的极权国家才要求军人的勇敢，而不允许公民和道德方面的勇敢，并培养懦夫和奴隶。

2

把世界分为两个阵营是军事上的区分和适合战争的区分。这个区分是最大的谎言，是适应斗争和战争的功利主义目的的摩尼教。这种精致的区分将挑起人们的仇恨，准备战争的心理气氛。人类不能分为奥尔穆兹达的王国和阿里曼王国。[①] 在每个人身上都有两个王国：光明的王国和黑暗的王国，真理的王国和谎言的王国，自由的王国和奴役的王国。对世界和人类作实际的区分是十分复杂的事情。民族的敌人，社会的敌人，宗教的敌人，还不是世界之恶的集中，不是恶棍，他不是，也不可能仅仅是敌人、"神圣"仇恨的对象，他具有由人构成的民族、社会或宗教团体所具有的全部人性特质。必须终止认为"自己的"就必然是好的，"他人的"就必然是坏的想法。只有福音书宣布过，要爱仇敌，要走出仇恨和复仇的死循环。这意味着世界上的一次重大变革，意味着转向另外一个世界，意味着彻底否定自然界的规律及在其中占统治地位的自然秩序。在上帝的秩序和世界秩序之间存在着深刻的冲突，这里不可能有相互的适应，只能有背叛。绝对和相对之间的区分是抽象思维的产物。福音书里所揭示的真理不是绝对的，而是具体的，并处在主观性的王国里，而不是在客观性的王国里，它所揭示的是上帝国的自由。"不可杀人"的圣训作为神的声音，不但对个别人有效，而且对人类社会

---

① 奥尔穆兹达和阿里曼是古代伊朗神话中两个相互斗争的对立原则，奥尔穆兹达代表光明和善良之神，阿里曼代表黑暗和罪恶之神。——译者注

也有效。人类社会要遵守这个圣训，就必须摆脱使人的生存客体化的道路，即摆脱人的奴役之路，走向使人的生存主体化的道路，即走解放之路。在价值取向上的彻底变革，人格主义对价值的重估都与此相关。"敌人"的形象在世界历史上发挥着重大作用，制造"敌人"的形象就是非人化和非个性化的客体化。把福音书的道德用在人类社会就是人格主义，就是把人的个性放在中心位置，就是承认个性是最高价值。"敌人"是生存的客体化，在这个客体化里人的形象将消失。基督教教会对战争的祝福，以及"基督教军队"这样的词组，再没有比这更可怕的了。人应该成为军人，他的使命就是战斗。但是，这与军人的联合体没有任何共同之处，这个联合体是人的奴役和被奴役的极端形式。必须把这个观点和资产阶级的和平主义严格区分开，这个和平主义不但无力克服战争，而且它自身可能意味着比战争更低的状态。资产阶级和平主义所表达的只是热爱平静的和有保障的生活，是对灾难的惧怕，甚至是怯懦。有比战争更卑鄙的和平，因此，不允许不惜一切代价换取和平。真正的反战斗争也是一场战争，是真正的尚武精神，是勇敢和认同牺牲。尚武精神不意味着必然是反对敌人、反对不同信仰的人、反对另外一个社会阶级的人的战争。应该战斗，比如反对阶级社会，反对建立在不公正、财产和金钱基础上的阶级的存在，而不是反对构成阶级的人，不是反对完全被变成敌人的人。基督带来了和平，但他也带来了刀兵。① 区分是必要的，但仇恨是不必要的。最令人惊奇的是下面的事情。许多基督徒满怀恐惧地拒绝革命，因为革命要求杀人和流血。但他们却接受并祝福战争，战争比革命流的血更多，杀的人更多。

① 参见《路加福音》(12：51)。原文为："你们不要想，我来是叫地上太平；我来并不是叫地上太平，乃是叫地上动刀兵。"——译者注

141

这是因为价值是按照另外的方式被确定的。人们认为国家和民族的价值是如此之高，甚至是最高的，以至于为这个价值就可以杀人和流血，而社会公正和解放的价值不被认为是为之可以杀人和流血的价值。但是，这种对待价值的态度对基督教良心而言是完全不能接受的。自由和正义是比国家和民族的强盛更高的价值。重要的是，杀人和流血是不好的和罪恶的，无论其目的如何。革命可能是远比战争更小的恶。然而，只有被净化和摆脱了历史奴役的基督教才能提出战争与革命的问题。

托尔斯泰描述过，当尼古拉·罗斯托夫看见法国敌人时，他因此而体验到的震惊有多大。尼古拉·罗斯托夫是一个为战争而造就的人，他有奴性的军人心理。只能同客体战斗，而不能同主体战斗。如果把敌人看作是主体，是具体的活生生的存在物，是人的个性，那么，战争就是不可能的。战争意味着人变成了客体。在战斗着的军队里没有主体，没有个性。为了保卫战争，人们有时说在战争里没有来自个性对个性的仇恨。但却可能有这样的仇恨，它将变成对杀人的渴望，而且它不是指向另外一个人，不是指向个性。人们出于仇恨而想去杀的人是主体吗？我认为不是，杀人的仇恨把另外一个人变成客体，仇恨的对象不再是主体和个性。如果满怀仇恨的人和渴望杀人的人能够把自己的敌人看作是生存的主体，能够接近另外一个人的个性秘密，那么，仇恨就会过去，杀人就成为不可能的。仇恨和杀人只存在于这样的世界里，在这里人成了客体，人的生存被客体化。在"战争"与"和平"之间，在"历史的"生命和"个性的"生命之间，在"客体化的"生命和存留在"主观性"之中的生命之间，存在着永恒的冲突。在世界生活中，战争问题不但是个被宣布的和爆发了的战争问题，在更大程

142

度上，这还是个战争的准备问题。人类社会可能因军国主义的心理，因军备的无限制增长，因对战争的意志和对战争的恐惧而灭亡。这实际上是个正在增长的疯狂氛围。精确意义上的战争可能不会到来，（但是，在这种疯狂的氛围里）人的生活将是无法忍受的，人们不能自由地呼吸。不但是战争，而且对战争的准备，都意味着把人的自由压制到最低限度。军事动员意味着对自我运动的限制。战争实际上由意识的结构决定。克服战争的可能性要求改变意识结构。意识的指向能够发生改变。这将是对人的奴役，对奴性意识的精神胜利。然而，奴性意识还在世界上占统治地位，战争就是这个意识的表现之一，是其最可怕的表现。战争的魔鬼本质是不容怀疑的。在战争中所流的血决不会白流，这血有毒害作用，意识因它而痛苦。就自己的本质而言，战争是非理性的，它依靠非理性的本能，但是它以理性化为前提。对战争的准备在最高意义上是理性的，并要求对国家进行合理的武装。这就是战争的矛盾。人民大众能够适应最为非理性的心理状态。战争要求唤醒爱欲状态，战争的本质就是爱欲的，而不是伦理的。在这个意义上我还给爱欲引进一个反爱欲，它有同样的本质。恨也是爱欲现象。达到最高的非理性状态，合理地武装到疯狂地步的人民大众将服从理性的纪律，将被技术化。这是极端非理性主义和极端理性主义的魔鬼式结合。人们生活在战争神话的奴役人的统治下，这个神话将引起野蛮的爱欲状态。在理性化和技术化的文明里，神话继续发挥着巨大的作用。神话产生于集体的潜意识。但这些神话却被非常理性化地利用着。关于美好的、英雄主义的战争的神话，关于好战的爱欲的神话（这个爱欲能够超越平淡和日常的生活），是人的奴役的表现。这个神话与其他神话相关：关于被拣选的种族的神话，关于伟大王国的神话等等。所有这些神话都与人格主义的真理对立，总是敌视生命的人化，它们都反抗福音书的精神，并使人的奴役合法化。

三、民族主义的诱惑与奴役

人民与民族

1

民族主义的诱惑与奴役是比国家主义奴役更深刻的奴役形式。在所有的"超个性的"价值中，人最容易认可服从民族的价值，他最容易感觉到自己是民族整体的一部分。这个态度深深地根植于人的情感生活里，它比人对国家的态度还要深刻。书写在所有右翼党派旗帜上的民族主义已经是个复杂的现象了。我们将看到，民族和民族属性的观念自身就是理性化的产物。索洛维约夫在19世纪80年代就同俄罗斯的动物学意义上的民族主义进行斗争，并在利己主义和个性之间作了区分。他坚持，从基督教的观点看，民族利己主义（等于民族主义）和个性的利己主义一样，都应该受到谴责。人们一般以为，民族利己主义是个性的道德义务，并不意味着个性的利己主义，而是意味着个性的奉献精神和英雄主义。这是客体化的非常著名的结果。当对人而言是最坏的东西转移到集体实在里，这些集体实在被认为是理想的和超个性的，那么这个最坏的东西将成为好的，甚至将变成义务。利己主义、自私、自负、高傲、强力意志、对他人的仇恨、暴力等，一旦从个性转移到民族整体上来，那么这一切都成了美德。从人的观点看，对民族而言一切都是允许的，为了它可以犯罪。民族的道德不愿意承认人性。个别人的生命是短暂的，民族的生命是长久的，可以延续几千年。民族生命可以实现时代之间的联系，而个别人则不可能实现这个联系。个别人通过民族生命而感觉到自己与过去各代人的联系。"民族"靠自己在长久生命里的深刻根源来吸引人。在这里，我们遇到的还是那个问题：生存的中心在哪里，良心的器官在哪里，在个性里还是在民族里？人格主义否认生存的中心、意识的中心在民族里或在某个集体的、非人的实在里。这个中心永远在个性里。个性不是民族的一部分，民族是个性的一部分，并且是作为个性的一个实质内容而处在个性之中。民族的东西包含在具体的人之中。这只不过是下述真理的个别应用，即宇宙位于个性之中，而不是个性位于宇宙之中。民族是个性的培养基。民族主义则是由外化和客体化所产生的偶像崇拜和奴役的一种形式。爱欲与缺乏和贫困相关。民族主义是奴役的一种形式，这些奴役是因宇宙从人身上消失所导致的。民族主义具有爱欲的性质，它以爱欲和反爱欲为动力，并且，就自己的本质而言它是反伦理的。把伦理评价用于民族生命就会使民族主义成为不可能的。这是爱欲和气质（эрос）之间的冲突之一。民族主义在自己的深处是爱欲的诱惑，它总是以谎言为生，没有谎言它就不能存在。民族的自负与高傲已经是谎言，从外面看，这是十分可笑的和愚蠢的。民族的自我中心主义，民族的封闭，民族的排外性，丝毫不好于个人的自我中心主义、封闭、对他人的仇恨，它们同样使人陷入虚假的和幻想的生活。民族主义是人的自我推崇的理想化形式。对自己人民的爱（我们将看到，人民与民族不是一个东西）是很自然的和良好的情感，但是民族主义要求对其他民族的人民的不爱、仇恨和轻蔑。民族主义已经是潜在的战争。民族主义所制造的主要谎言是，当谈到"民族的"理想、"民族的"整体幸福、"民族的"统一、"民族的"使命等等，人们总是把"民族的"与享有特权的，占有统治地位的少数人联系在一起，通常都与拥有财产的阶级联系在一起。从来不把"民族""民族的"理解为人、具体的存在物，而是理解为只对某些社会团体有利的抽象原则。民族和人民的根本区别就在这里，人民总是与人相关。民族的意识形态一般都是阶级的意识形态。人们诉诸民族整体，目的是要压制部分，这些部分由人，由能够痛苦和快乐的存在物构成。"民族性"变成了偶像，它要求人祭，这和一切偶像一样。

民族主义思想家引以为自豪的是他们代表整体，与此同时，其他不同的流派则代表部分，代表一定的阶级。但在实际上，阶级利益可以虚伪地冒充整体利益。这是欺骗和自我欺骗。在这个意义上，把民族意识形态和阶级意识形态进行对比具有重大意义。阶级意识形态有非常不利的外表，用华丽的辞藻战胜它是很容易的。存在了几千年的民族整体要比个别的阶级拥有更大的价值，个别阶级在过去是不曾存在的，也许，在将来也不再存在。俄罗斯人民、法国人民或德国人民，作为历史整体是比俄罗斯无产阶级、法国无产阶级或德国无产阶级更深刻的实在。靠这些老生常谈不但不能解决问题，甚至都不能提出问题。在一定的历史时刻，阶级问题可能比民族问题更尖锐，更需刻不容缓的解决，而这正是为了民族的存在自身。在这样的时刻，可能会提出被排斥的和不走运的阶级的联合问题。在个人身上，"民族的"比"阶级的"更深刻，我是俄罗斯人，这要比我是贵族更深刻。然而，在客观现实中"阶级的"利益可能比"民族的"利益更具有人性，就是说在"阶级的"利益里可能涉及人被践踏的尊严，人的个性价值问题等，而在"民族的"利益里涉及的可能是"一般的"，与人的生存没有任何关系的问题。对民族主义和社会主义的评价就与此相关。无疑，民族主义有多神教的来源，社会主义则有基督教的来源。如果社会主义不被虚假的世界观所歪曲的话，那么，它关心人，关心人的价值。民族主义则不关心人，对它而言最高价值不是人，而是客体化的集体实在，这些实在不是生存，而是原则。"社会主义"可能比"民族主义"更具精神性，因为"社会的"可能成为这样一种要求，即要求人与人之间是兄弟关系，而不是弱肉强食，一般的"民族的"生活可能是豺狼式的生活。民族主义者都不希望有更一般的人的生活，更公正和更人性的生活。在民族主义胜利的情况下，将出现强大的国家对个性的统治，富有的阶级对贫穷阶级的统治。法西斯主义、民族—社会主义希望在给定民族内部出现更加具有共通性的生活。但是，它们对这个愿望的实现是糟糕的，并导致可怕的国家主义，野兽般地对待其他民族。民族—社会主义是可能的，但其中更具人性的是社会因素，而种族—民族的因素则意味着非人道化。关于社会主义我们后面还要谈到。这里还必须强调的是，民族主义根本不等同于爱国主义。爱国主义是对自己的祖国、自己的大地、自己的人民的爱。民族主义与其说是一种爱，不如说是一种集体的自我中心主义、自负、强力意志和对其他民族的暴力意志。民族主义已经是一种虚构，是在爱国主义里所没有的意识形态。民族的自负和利己主义与个性的自负和利己主义一样，都是罪恶的和愚蠢的，但其后果则更具灾难性。家庭的利己主义和自负同样比个性的利己主义和自负具有更不祥的特征。德意志民族弥赛亚主义的自负甚至在像费希特这样的天才人物那里也具有可笑的特征，从外面看，这是不能容忍的。对个性的恶和罪的任何投影和客体化，将其转移到集体中去，都将引起最大限度的恶，表现最大限度的罪。人的奴役就这样获得巩固。

2

　　民族和人民之间，民族的东西和人民的东西之间的区别不仅仅是个术语问题。在其他语言中，这个区别更明显（nation 和 peuple，Nation 和 Volk）。人民是远比民族更原始、更自然的实在，在人民里有某种前理性的东西。民族是历史和文明的复杂结果，它已经是理性化的产物。最重要的是，人民是比民族更人性的实在。人民是众多的人，这是庞大数量的人，他们获得了统一，获得了定型，获得了特殊的质。民族不是众多的人，民族是统治人们的原则，是个统治的观念。甚至可以说，人民是具体—实在的，而民族是抽象—理想的。在这里，"理想的"一词不是褒扬，相反，它意味着人的本质在更大程度上的客体化和异化，意味着更大程度上的非人化。与人民相比，民族与国家的联系更深刻。民粹主义常常具有反国家主义和无政府主义的特征，民族主义则总是国家主义的，总是希望强大的国家，实际上总是更珍视国家，而不是文化。人民追求在形象中表达自己，它形成习俗和风格。民族则追求在国家的强盛里表达自己，它制造统治的形式。法西斯类型的民族主义意味着丧失"民族的"（如果在和"人民的"等同的意义上使用这个词，人们常常这样做）独特性，其中已经没有任何"民族的"东西，它标志着对人民生活强烈的理性化和技术化，它丝毫不珍视文化。现代所有的民族主义都是相像的，都是一模一样的，所有的独裁者完全都是一样的，所有的政治警察组织都是一样的，所有的武装技术都是一样的，所有的体育组织都是一样的。德国的民族社会主义在自己彻底胜利之前曾是民粹派的一种形式，它用人民社会生活的有机和共通性的特征与国家在形式上的组织对立，它是一种共同体（Gemeinschaft），而不是社会（Gesellschaft）。在自己的最终胜利后，民族社会主义就

开始被国家的强力意志所控制，其中的民粹成分开始弱化。日耳曼
文化传统中断了。民族主义最不珍惜精神文化，总是压制精神文化
的创造者。民族主义永远导致暴政。民族是一种偶像，是人的奴役
的根源之一。民族主权和国家主权以及人间一切主权一样，都是谎
言。这个主权既可能表现为左派的形式，也可能表现为右派的形式，
但它总是残暴地统治人。人民至少与作为社会生活基础的劳动接近，
与自然界接近。但是，人民也可能成为偶像，成为人的奴役的根源。
民粹主义是一种诱惑，它很容易采取神秘主义的形式，如人民的灵
魂、大地的灵魂、神秘的人民的本性等。人可能在这个盲目性中彻
底丧失自己。这是精神和个性觉醒之前的原始集体主义的遗产和遗
迹。民粹主义总是心理的现象，而不是精神的现象。作为生存中心，
作为意识和良心中心的个性可能与人民对立。在个性里有母亲的怀
抱，人民的（民族的）东西就是这个怀抱。但个性的反抗就是精神
和自由对自然和人民的自发力量的胜利。受人民的奴役也是奴役的
一种形式。应该记住，当人子和上帝之子出现在人民面前时，他们
喊道"钉死他，钉死他"①。人民要求钉死自己的所有先知、导师和
伟人。这足以证明，良心的中心不在人民里。民粹主义有自己的真
理，但也有巨大的谎言，表现在个性对集体的敬拜。真理则总是在
个性里，在质里，在少数人那里。但是这个真理在自己的生活体现
里应该与人民生活相关，它不意味着隔绝和封闭。民族弥赛亚主义
是诱惑，它与基督教的普遍主义不相容。但对自己民族使命的信仰
是该民族历史存在所必须的。

　　事实上，"民族"和"人民"总是被混淆，并常常在同一个意思

① 参见《马可福音》(15：13)，和合本《圣经》译为"把他钉十字架"。——译者注

上使用，如同 Gemeinschaft（共同体）和 Gesellschaft（社会）经常混淆一样。"民族"在自身中包含着比"人民"更高的理性化成分。但"民族"和"人民"都以集体的潜意识为基础，以十分强烈的情感为基础，这些情感将导致人的生存外化。人需要走出孤独，需要克服世界冰冷的异己性。这发生在家庭里，发生在民族性里，发生在民族共性里。个体的人不能直接感觉到自己属于人类，他必须首先隶属于更近和更具体的范围。通过民族生命，人感觉到代与代之间的联系，过去与未来的联系。人类在人之外没有存在，它在人里存在。在人身上有最大的实在性，人性就与这个实在性相关。民族也只能存在于人之中。民族的客观实在是外化，只不过是客体化的产物之一而已。但是，不同层次的客体化产生不同程度的相近性、具体性和完整性。人类显得似乎比较遥远、抽象，但同时它又是人的人性。民族主义同样也压制人、人的个性和人类。不是人身上的"民族的"质自身在压制，而是这个质的客体化在压制，客体化把质变成凌驾于人之上的实在。"民族"和"人民"很容易变成偶像。强烈的情感也发生着客体化。通过参与"民族"和"人民"，最平凡的人，最渺小的人也会觉得自己是高尚的和精神振奋的。奴役人的诱惑的原因之一就是，诱惑赋予人以更强烈的统治感。在成为偶像的奴隶之后，人会觉得自己上了一个台阶。人会成为奴隶，但是，如果没有奴役，人就会觉得自己处在更低的状态。当一个人是无个性的，在他身上没有展示任何普遍的内容，那么，各种类型的客体化奴役就会赋予他以充实的感觉。只有个性及其精神内容才能与这个奴役对立。"民族的"东西最容易填充空虚，这对大众是可能的，也不需要任何质的成就。在这种情况下，否定的感觉，如对犹太人或其他民族的痛恨，要比肯定的感觉所发挥的作用更大。所谓的民族问题实质上不能获得公正解决。与这个问题相关的永远是斗争。整个人类历史就是不公正的兼并。民族是由不公正和强迫的选择制造的，这和历史上的贵族一样。克制民族国家的主权将会简化对民族问题的解决。但"民族的东西"位于民族国家的彼岸，它意味着另外一个客体化层次。民族主义就意味着对一定层次客体化的绝对化。在这种情况下，非理性的东西被理性化，有机的东西被机械化，人的质变成非人的实在。与此同时，民族的和人民的东西都包含在具体—普遍之中，如同所有层次的个体化也包含在其中一样，民族主义不但与普遍主义对立，而且还破坏它。民族主义还敌视人格主义。无论为了个性，还是为了普遍，都应该否定民族主义。这并不意味着，在个性和普遍之间没有任何层次，这意味着，处在个性和普遍之间的民族层次既不应该吞没个性，也不应该吞没普遍，而应该服从它们。无论如何应该偏向"人民"而不是"民族"。基督教是人格主义和普遍主义的宗教，但不是民族的宗教，不是类的宗教。每当民族主义声明："德国为了德国人，法国为了法国人，俄国为了俄国人"，那么它就暴露了自己的多神教和无人性的本质。民族主义不承认任何人的价值和权利，因为人拥有人的形象和上帝的形象，在自身中拥有精神原则。民族主义是世界上最流行的情感，最具人性的情感，因为它最为人所固有，也最反人性，最能使人成为外化力量的奴隶。认为保卫德国人，法国人或俄国人是对具体存在物的保卫，而保卫人，保卫任何人，因为他是人，这种保卫就是一种抽象，这样的想法是错误的和肤浅的。正好相反，保卫民族属性意义上的人是对人的抽象性质的保卫，而且还不是最深刻的性质；在人性上保卫人，以及为了人的人性而保卫人，就是保卫人身上上帝的形象，即人身上完整的形象，人身上最深刻的、不能被异化的性质，人身上的民族和阶级的性质就能被异化，这正是对作为具体存在物，作为个性，作为唯一的和不可重复的存在物的保卫。人的社会和民族的质是可以重复的，可以被概括、抽象，可以转变为虚假的（quasi）、凌驾于人之上的实在，但在这些实在背后却隐藏着人的更深刻的核心。保卫人的这个深处就是人性，是人性的事业。民族主义是对人的深处的背叛和变节，是针对人身上上帝形象的可怕罪过。一个人如果不把另外一个民族的人看作是兄弟，比如拒绝把犹太人看作是兄弟，那么他不但不是基督徒，而且还丧失了自己的人性，丧失了自己的人的深度。民族主义的强烈情感把人抛向表面，因此使人成为客体性的奴隶。民族主义情感远比社会情感更少人性，更不能证明人身上的个性在上升。

四、贵族主义的诱惑与奴役

贵族主义的双重形象

1

存在着贵族主义的独特诱惑，有一种贵族阶层属性的惬意。贵族主义是十分复杂的现象，它也要求一种复杂的评价。贵族主义一词自身意味着肯定的评价。贵族阶层是最好的人、高尚的人。贵族是从最好的人和最高尚的人里遴选出来的。但在现实中，历史上的贵族阶层根本不意味着是最好的人和高尚的人。应该区分社会意义上的贵族和精神意义上的贵族。社会意义上的贵族是在社会日常性中形成的，并服从社会日常性的规则。这个意义上的贵族属于决定论王国，而不属于自由王国。在历史上定型的种族意义上，贵族是被决定程度最高的人。他被继承性和类的传统所决定。在社会生活中，贵族原则是继承性原则，继承性是压制个性的决定论，甚至比决定论更严重，是类的注定命运，是血缘的注定命运。社会贵族主义是类的贵族主义，而不是个性的贵族主义，是类的质的贵族主义，而不是个性的质的贵族主义。所以，与社会贵族主义相关的是类的高傲，出身的高傲，这是贵族阶层的主要缺陷。对待人的兄弟态度是贵族难以做到的。贵族阶层是在类的过程里选择出来的种族，其性质可以通过遗产而传递。在这个意义上，贵族主义与人格主义深刻对立，即与个性的、非类的质的原则对立，这些质不依赖于继承性的决定论。与社会贵族主义不同，精神上的贵族主义是个性的贵族主义，是个性高尚精神、个性的质和个性天赋的贵族主义。人格主义要求个性的质的贵族主义，这些质与任何无个性大众的混淆对立，这是与决定论对立的自由的贵族主义，种族和种姓就生活在决定论之下。社会贵族主义所肯定的完全不是个性的不平等，不是个性的质的不平等，而是类的、社会—阶级和种姓的不平等。根据血缘遗传来确定自己尊严的贵族，或者根据自己金钱上的继承性来确定自己尊严的资产者，他们因此就自己的个性的质而言高于既没有血缘遗传，也没有金钱遗产的人，并且可以觊觎赋予他们以优势的不平等，这个论断是可笑的。人的天赋来自上帝，而不是来自类和私有财产。人们之间的个性不平等和社会不平等，这是两个不同的原则，甚至是对立的原则。社会性的平均化过程指向消灭社会—阶级的特权，这个过程正好可以促使凸显人们现实的、实际的个性不平等，即促使个性贵族主义的显露。社会贵族阶层是怎么形成的？对大多数群众而言，他们不可能立即获得更高级的质。质的选择首先发生在数量不大的团体里。在其中形成更高的文化水准，更精致的情感，更精致的习俗，甚至人的身体形象也变得更高尚，更少粗俗。文化总是通过贵族的途径形成和提高。当然，认为社会贵族主义总是罪恶，这是不公正和不正确的，在社会贵族主义里也有许多肯定的东西。在贵族主义里有这样一些肯定的特征：高尚气质、宽宏大量、有教养、有奉献的大度。这些特征是暴发户（parvenu）所不具备的，他追求的是向上的攀升。贵族并非不惜一切代价地向上攀升，因为他一开始就觉得自己在上边。在这个意义上，贵族选择的原则与贵族的原初状态实质上是对立的。为了成功和高升而进行斗争，这不是贵族的做法。选择是个自然主义的原则，具有生物学的来源。基督教不承认选择。与此世的规律相反，基督教宣布，在后的将成为在前的，在前的将成为在后的 ①，这就革命性地改变了古希腊罗马的所有价值观念。在贵族主义里，除肯定的特征外，也有令人厌恶的特征，如在对待下层人的高傲态度中特有的蛮横无理，对劳动的蔑视，与个性的质不相应的种族高傲，种姓的封闭，对活生生的世界运动的封闭，片面地面向过去（关心的是"从哪里来"，而不是"到哪里去"），封闭保守。封闭的贵族团体不可能无限地得以保存下去，无论它怎样为自己的存在而斗争。基础在扩大，在特权的贵族阶层里有新的阶层介入。在这里发生着民主化，质在下降。然后发生的是对质的新选择。贵族团体的封闭性必然导致退化。必须更新凝固了的血统。在混合与民主化之后，在同一化的过程之后发生的是与贵族选择相反的过程。但这个过程可能按照不同的标准进行，不一定非按照类的继承性和出身。被拣选的种族的贵族主义注定要消失。贵族阶层也可以在资产阶级内部形成，也可能在工人—农民大众的内部形成。在这种情况下，贵族精神将具有另外的心理特质。

---

① 参见《马太福音》（19：30）。——译者注

第三章

在社会过程中，通过选择和分化形成不同的派别。每个定型的派别都有自己奴役人的形式。官僚体制形成于每一个在国家里组织起来的团体之中，并具有扩大和加强自己的意义的趋势。官僚体制是按照与贵族主义完全不同的原则形成的，即按照职业原则，国家团体的职能的原则形成，而且它也倾向于把自己看作贵族。官僚体制相对于人民而言履行着服务的职能，但它却倾向于认为自己是具有独立意义的力量，认为自己是生活的主人，这就是其存在的内在矛盾。在自己无限制的扩展中，官僚体制很容易变成寄生虫。任何社会制度都能形成官僚体制。革命推翻旧的官僚体制，但很快就形成新的官僚体制，这是更加扩充了的官僚体制，为此常常利用旧官僚体制中的干部，旧官僚体制可以为任何制度服务。塔列兰和富舍这类人的命运具有象征的意义。① 俄罗斯共产主义革命建立了就自己的规模和力量而言是前所未有的官僚体制。这是新资产阶级的形成，或新无产阶级贵族的形成。历史上真正的贵族阶层是封闭的和有限的，它不喜欢扩展和适应新条件。官僚体制则无限制地扩展，不喜欢封闭，不愿意保存质，很容易适应任何条件和任何制度。这就是为什么官僚体制永远也不能被称为贵族。资产阶级的最高阶层也不能称为贵族，尽管它模仿贵族，并向贵族地位上爬。资产阶级所具有的是完全另外一个心理结构，关于资产阶级下面再谈。真正贵族阶层的形成不是通过财富和权力的积累，也不是通过为国家所履行的职能，而是通过宝剑。贵族的出身是军人。劳伦斯·施太因甚至说②，种姓是社团对国家的绝对胜利。贵族阶层是种姓，它很难适应国家组织，在一定意义上它是反国家的。国家专制在与封建制

① 塔列兰（1754—1838），法国外交官，曾任内务部长；富舍（1759—1820），法国警察局长。——译者注
② 劳伦斯·施太因（1815—1890），德国经济学家、法学家和社会学家。——译者注

155

度、贵族及其特权自由的斗争中成长起来。甚至可以说，自由是贵族的，而不是民主的。从前，自由是贵族的特权。封建骑士在自己的城堡中手持武器保卫自己的自由和独立性。吊桥是对封建骑士的自由的保卫，这个自由不是在社会和国家中的自由，而是相对于社会和国家的自由。奥尔特加关于这一点说得很正确。人们常常忘记，自由不但是在社会中的自由，而且也是相对于社会的自由，是社会相对于人的个性而言不愿意承认的界限。人民大众很少珍视自由，也很少感觉到自由的不足。自由是精神贵族主义的特质。骑士精神是道德意识里巨大的创造性成就。在人类社会里，贵族第一个感觉到个性的尊严和荣誉。但其局限是，他只是针对自己的种姓才感觉到这些。自由的贵族主义，个性尊严和荣誉的贵族主义应该扩展到所有的人，扩展到每一个人，因为他是人。只有为数不多的从贵族阶层走出来的人才意识到这一点。这里所说的正是贵族肯定的特质向广泛的人类大众扩展，是内在的贵族化。有一个时期在埃及只承认皇帝才拥有永生的存在物的价值，所有其他人都是会死的。在希腊，起初只承认众神或半神半人，英雄和超人是永生的，人是会死的。只有基督教承认所有的人都有永生的存在物的价值，即无条件地把永生观念民主化。但是民主化不是机械地使人们平均化，它不否定质。这个民主化是贵族化，是传递贵族的特质和贵族的权利。任何人都应该被认为是贵族。社会革命应该消灭的正是无产者，以及无产者的极端贫困和屈辱地位。基督教推翻了希腊罗马文化的原则，并以此肯定了每个人的尊严，每个人的神子的名分，每个人身上上帝的形象。只有基督教才能把民主主义，以及人们在上帝面前的平等同个性的贵族原则结合起来。在上帝面前的平等是不依赖于社会和大众的精神个性的特质。但是，基督教贵族主义和种姓贵族主义没有任何共性。纯粹的基督教与种姓精神深刻对立，种姓精神是双重奴役的精神，是贵族种姓自身的奴役和这个种姓企图统治的那些人的奴役。种姓贵族主义是封闭和有限的，基督教的精神贵族主义是开放和无限的。

2

个性的塑造是贵族类型的塑造，就是塑造这样的人，他不允许自己同无个性的世界环境混合，他的内在是独立的和自由的，既上升到更高的生命质的内容，也下降到被凌辱的，受痛苦的和丧失了上升可能性的世界。真正贵族主义的主要特征不是过分的骄傲，而是出于内在富有的奉献和慷慨，是同情，不善于怨恨。历史上类的贵族处在受过去、祖先、传统和习俗的奴役之中，这是仪式上的、受束缚的贵族，它丧失了评价自由和运动自由。个性贵族主义正好是评价和运动的自由，是不受拘束性，它不依赖于社会环境。贵族的双重形象与此相关。个性贵族主义，即个性的质上的成就，可能被社会化并被转移到社会团体上。社会团体的贵族主义可以按照不同的特征形成。这可能是祭司种姓，可能是教会的类似于王公贵族的等级；也可能是本来意义上的种姓和类的贵族或是非贵族阶级内部的贵族式选择，比如资产阶级或农民内部；还有可能是按照理智和精神的特征形成的贵族社会团体，这些特征不能涵盖太多的人。比如，可以形成院士阶层、学者阶层和作家阶层。知识阶层倾向于自我褒扬和与世隔绝，这也是具有全部种姓特征的贵族种姓。各类通灵论团体，具有某种信仰的人，带有通灵术—神秘主义色彩的共济会会员等都可能表现为贵族种姓。各种形式的社会贵族主义将个性贵族主义转移到社会团体贵族主义。社会贵族主义的形式是多种多样的，但它们永远都将产生对人的奴役。比如在宗教生活里，个性贵族主义，即特殊的个性天赋和特质，在先知、使徒、圣徒、灵性长老、宗教改革者身上得以体现。社会的宗教贵族主义则体现在僵化和固定化的教会等级之中，这个等级已经不依赖于个性的特质，个性的精神性，即个性贵族主义。个性的宗教贵族主义处在自由的标志之下，社会的宗教贵族主义则处在决定论标志之下，并且很容易变成奴役。我们在这里所遇到的是随处可见的现象。人的奴役的根源是客体化。这个客体化在历史上是通过各种不同形式的社会化实现的，这就是个性特质的异化，把它们转移到社会团体之中，这些特质在此将丧失实在的特征，并获得象征性。社会贵族是象征性的贵族，而不是实在的贵族，其引起高傲感的特质不是个性——人性的特质，而只是类的标志和象征。所以，贵族的形象是双重的。贵族的个性形态与暴发户（parvenu）的类型完全对立。资产者就自己的来源而言是暴发户，尽管从资产者阶层里走出来的人们中间可能有就其类型而言完全不是暴发户，而是很高尚的人。贵族类型总是下降，暴发户类型则总是向上攀升。罪孽感和怜悯感是贵族的情感。嫉恨和嫉妒是庶民的情感，我是在心理意义上使用"庶民"一词的。贵族精神类型存在的全部意义就是这样一种类型的人的存在，他们不倾向于体验嫉恨、嫉妒、怨恨（ressentiment）的状态，他们更多的是固有一种体验罪孽、怜悯、同情等状态的能力。但是把贵族的精神类型社会化，即形成贵族种姓，总是会导致这样的结果，即显现出来的不是真正贵族的心理性质，而完全是另外一些性质，如高傲、过分褒扬（自己）、对下层的蔑视、对自己特权的保卫等。所有社会阶层和团体里中等人拥有的个性特质始终不是很高，他被社会环境所决定，处在社会日常性的统治之下。种姓永远是对人的奴役，是非个性化，无论是贵族的种姓，还是资产阶级和无产阶级的种姓。

无产阶级也可能成为种姓，成为假贵族，而这时在其中就表现出贵族种姓的否定性质：过分的自我褒扬，否定其他阶层人的人性尊严。不存在好的阶层，只存在好的人，他们好是因为他们自身克服了阶层的精神，种姓的精神，是因为他们展示出了个性。阶层、种姓是对人的奴役。真正的贵族主义能够发现个性的形象，而不是社会团体、阶层、种姓的形象。

还有一个与贵族主义相关的重要问题。这就是非凡的、伟大的人物和平凡的、中等人之间的区分问题。有这样的人，他们有对非凡生活的渴望，这种生活与日常生活不相像。日常生活从四面八方压制人。这个问题与天赋、才华、天才问题并不完全一致。拥有非凡天赋的人就其本质而言可能是一个平庸、平凡的人。日常性的王国却有自己的天才。大多数所谓伟大的历史活动家，国务活动家，客体化的天才就是如此。应该把下面这样的人看作是非凡的和出色的，他不与日常性和生存的有限性妥协，其内部有向无限的突破，他不同意把人的生存彻底地客体化。客体化有自己的伟大人物，但这只是一般的、平庸的人。无论在科学界还是在艺术界都有这种情况。有这样一些贵族理论，它们认为人类历史的意义就在于出色的、伟大的和天才的人物的出现，而把所有其他的人类大众看作是施了肥的土壤，看作是人类这个精华部分出现的手段。尼采的"超人"是这种类型学说的极端表现。这是假贵族主义的诱惑，无论对基督教意识，还是对普通人的意识都不能忍受。任何一个人的存在物，哪怕是人类中最渺小的人，也不能成为非凡的和著名人物出现的手段、施了肥的土壤。那将是个性贵族主义的客体化，它制造奴役。真正的贵族主义位于无限的主观性王国里，它不建立任何客观性的王国。真正的贵族主义不是权利和特权，它不为自己要求任何东西，它奉献，承担服务的责任和义务。非凡的、出色的、拥有特殊天赋的人不是这样的人，对他而言一切都是允许的；与之相反的是这样的人，对他而言什么都是不允许的。只是对于傻瓜和渺小的人而言，一切都是允许的。贵族的本质，以及天才的本质（天才是完整的本质，而不仅仅是某种巨大的天赋）不是在社会中的某种地位，相反，这种本质意味着在社会里不能占有任何地位，不能客体化。真正的贵族品格不是主人的品格，不是统治的使命，像作为国家的反对者尼采所想的那样，这与他自己对立。真正的贵族品格是这样的人的品格，他们不能在统治与奴役的关系中占有任何地位，日常的客体化世界就靠这些统治关系来维持。贵族品格是非常敏感的和多灾多难的。主人是粗野的和无情感的。主人实际上是庶民，统治是庶民的事业。在客体化过程里暴露出精神的庶民特征。建立客体化社会是庶民的事业。但这是否意味着，个性贵族主义仿佛是封闭于自身，不向外体现任何东西呢？当然不是。但它是在另外一个前景中体现自己，不是在社会的前景中，而是在交往的前景中，不在社会化的前景中，而是在共通性的前景中，在人们的人格主义的共性中，这是"我"和"你"的交往，而不是"我"和"他"，和客体的交往。这是相对于此世而言的末世论前景，但它意味着对此世的改变，意味着突破，意味着客体化产生的惰性的终止。这也意味着，人将不再统治人。

五、资产阶级的诱惑

财产与金钱的奴役

1

存在着贵族主义的诱惑与奴役。但是，在更大程度上存在着资产阶级的诱惑与奴役。资产阶级不但是与阶级的社会结构相关的社会范畴，而且也是精神范畴。我所感兴趣的主要是作为精神范畴的资产阶级。此外，在揭示资产者的智慧方面，列昂·布鲁阿在其令人惊奇的著作《老生常谈的解释》里做得也许最多。资产阶级与社会主义的对立是非常相对的，不能触及问题的深处。赫尔岑很好地理解了社会主义可能是资产阶级的。大多数社会主义者的世界观是这样的，他们甚至不理解资产阶级精神问题的存在。在形而上学的意义上，资产者是这样的人，他只坚信可见事物的世界，因为可见事物迫使人们承认自己的存在，他还想在这个世界上占据稳定的位置。他是可见世界以及在这个世界里确定的地位等级的奴隶。他评价人不是根据他们存在着，而是根据他们有什么。资产者是此世的公民，他是大地的主宰。正是资产者想到要成为大地的主宰。他的使命就在这里。贵族占领大地，他靠自己的宝剑协助建立王国。但贵族还不能成为大地的主宰，此世的公民，在他面前有界限，他永远也不能跨越这些界限。资产者深深地根植于这个世界，对他在其中生活的这个世界满意。资产者很少感觉到世界的空虚，世界幸福的微不足道。他严肃地对待经济上的强盛，常常无私地崇拜这个强盛。资产者生活在有限之中，他害怕无限的吸引。确实，他承认经济力量的无限增长，但这是他想知道的唯一的无限性，他用自己所确定的生活秩序来掩盖精神上的无限性。他承认财富增长的无限性，生活组织性增长的无限性，但这只能把他束缚在有限性之中。资产者是不愿意超越自己的存在物。超验的东西阻碍他在大地上安排生活。资产者可能是"信徒"和"有宗教信仰的人"，他甚至诉诸"信仰"和"宗教"，以便保持自己在世界中的地位。但资产者的"宗教"始终是有限的宗教，总是把人束缚在有限之中的宗教，它总是掩盖精神上的无限性。资产者是个人主义者，特别是当谈到财产和金钱的时候，但他是个反人格主义者，个性观念与之格格不入。资产者实质上是集体主义者，他的意识、良心和判断都被社会化了，他是团体的存在物。他的利益是个人的，意识是集体的。如果说资产者是此世的公民，那么无产者是丧失了此世公民身份，并且对这个身份没有意识的存在物。对无产者而言，这个世界上没有他的位置，他应该在改变了的大地上去寻找自己的位置。与此相关的是寄托在他身上的一个希望，即他能够改变这个大地，并在其上建立新生活。寄托在无产者身上的这个希望一般是无法实现的，因为当无产者胜利时，他就成为资产者，成为这个改变了的世界的公民，成为这个大地的主宰。于是重新开始那个永恒的历史。资产者是这个世界上的永恒形象，它不一定非与某种制度相关，尽管在资本主义制度里它能获得自己最清楚的表现和最出色的胜利。无产者和资产者是相关的，一个可以变成另一个。马克思在青年时期的作品里把无产者确定为这样的人，在他身上人的本质遭到最大限度的异化。应该把他的人的本质归还给他。当这个本质作为资产者的本质时，最容易归还给他。无产者想要成为资产者，但不是成为个体的资产者，而是成为集体的资产者，也就是成为新社会制度里的资产者。在社会的意义上，无产者在其与资产者之间的纷争中是完全正确的。要使无产者自己不成为资产者，就不应该有社会上的对立，只需要精神上的对抗。反对资产阶级王国的革命是精神革命。精神革命根本不与社会革命的真理对立，不与无产阶级的社会地位改变发生矛盾，但它在精神上改变和更新社会革命的特征。资产者是客体化最深刻的存在物，是最大程度地被向外抛的存在物，是与人的生存的无限主观性异化最为严重的存在物。资产阶级性是丧失精神自由，是人的生存服从决定论。资产者希望一切为己，他不从自己出发思考和说任何东西，他拥有物质财富，但没有精神财富。

资产者是个体，有时甚至是十分庞大的个体，但他不是个性。只有在克服自己的资产阶级性之后他才成为个性。资产阶级的本性是无个性的本性。所有的社会阶层都有进入这个环境之中的趋势。贵族、无产者和知识分子都可能资产阶级化。资产者不能克服自己的资产阶级性。资产者永远是奴隶。他是自己的财产和金钱的奴隶，是发财意志的奴隶，是资产阶级社会舆论的奴隶，是社会地位的奴隶，是他剥削的那些奴隶的奴隶，他害怕那些奴隶。资产阶级性是精神和心理上的不自由，是整个生命都服从外在的决定。资产者建立物的王国，而物在支配着他。他为技术的惊人发展所做的实在太多，而技术在支配着他，他用技术奴役人。资产者在过去有过贡献，表现过巨大的主动性，做出许多发现，他发展人的生产能力，克服过去的统治，转向未来，这个未来对他而言就是强力的无限增长。对资产者而言，主要的不是"从哪里来"，而是"到哪里去"。鲁滨逊·克鲁佐就是个资产者。但在自己创造的青年时期，资产者还不是资产者。后来他才逐渐成为一个资产者。应该动态地理解资产者的命运，他并不总是同一个人。资产者面向未来，具有对高升、发财、占据首要地位的渴望，这一切造就一个投机钻营的类型。投机钻营主要是资产阶级的世界观，它与一切贵族主义深刻对立。在资产者身上没有原初性，与贵族不同，他记不得自己的出身和自己的过去，贵族对这一切记得特别清楚。主要是资产者创造了没有风格的奢侈，并用它来奴役生活。在资产阶级的奢侈中，美在灭亡。因为这种奢侈想要把美变成财富的工具，美因此而消亡。在以金钱统治为基础的资产阶级社会里，奢侈的发展主要靠资产者的好色。女人是资产者贪恋的对象，她制造了对奢侈的崇拜，这种奢侈是没有界限的。同时这也是无个性化的极限，是丧失个性尊严的极限。人的实质在其内在的生存里消失，取而代之的是奢侈环境。甚至人的身体形象都成为人工的，无法区分出其中人的面孔。资产阶级的女人类似于玩具，是人工的存在物，资产者就是为了这样的女人建立虚假的奢侈世界，直至犯罪。要理解这一点，需要想一下卡莱尔关于衣服的哲学。马克思看到资产者身上肯定的使命，即发展物质生产力，也看到了资产者否定的，甚至是犯罪的作用，即对无产者的剥削。但对马克思而言，资产者完全是社会范畴，他没有看到更深的层次。资产者有建立奴役人的虚幻世界的不可克服的趋势，他在瓦解真正实在的世界。资产者建立金钱王国，这个王国是最虚假的，最不实在的，在自己的非实在性方面是最令人厌恶的。在这个金钱王国里一切实在的核心都将消失，但是这个金钱王国拥有可怕的力量，对人的生活的可怕的统治力量；它能扶持和推翻政府，发动战争，奴役工人大众，导致失业和贫困，使在这个王国里走运的人的生活成为越来越虚幻的。列昂·布鲁阿是正确的，他认为金钱是神秘剧，在金钱的统治中有某种神秘的东西。金钱的王国是无个性的极限，它也使财产自身成为虚幻的。马克思正确地说，资本主义侵害个性的财产。

2

资产者对财产持有特殊的态度。资产者的问题就是"存在"和"拥有"的关系问题。资产者不决定于他是什么，而决定于他有什么。他根据这个标准评断其他人。资产者有财产、金钱、财富、生产工具和社会地位。资产者与之结合在一起的财产并不构成他的个性，即不构成他所是。个性就是人所是的那个东西，当他一无所有

时，个性仍然存在。个性不可能依赖于财产和资本。但财产应该依
赖于个性，应该成为个性的财产。对资产阶级的资本主义制度的否
定不是对一切财产的否定，而是对个性财产的肯定，个性的财产在
这个制度里已经丧失。个性财产是劳动的和实在的财产。变成人奴
役人和压迫人的手段的财产是不能被允许的。就自己的实在本质而
言，财产不可能是国家或社会的产物。国家和社会不可能成为财产
的主体，因为它们根本不能成为主体。把财产转移给它们就是客体
化。国家和社会只是中介、调节器和保障，它们应该阻止财产成为
剥削的工具。财产的绝对所有者不可能是个别人，不可能是社会，
也不可能是国家。在这一点上，财产类似于主权。不能把君主的绝
对主权转移给人民，而应该限制和克服一切主权。不能把绝对财产
从个人转移给国家和社会。这将意味着建立新的暴政和奴役。就自
己的本质而言，财产是有限的和相对的。相对于个性，财产只具有
功能性的意义。唯一允许的和现实的财产是使用权。只能肯定作为
使用权的财产，仅此而已。财产总是相对于人，是功能性的，是人
性的，为人而存在。财产根本不神圣，人才是神圣的。资产阶级世
界使财产完全变了样，这个世界使财产非人化了，使人服从财产，
并按照财产来确定对待人的态度。我们在这里遇到一个惊人的现象。
社会主义的反对者，资本主义制度的辩护者喜欢说，每个人的自由
和独立性都与财产有关。如果剥夺人的财产，把财产转移给社会和
国家，那么人就成为奴隶，丧失任何独立性。然而，如果这是正确
的，那么这就是对资产阶级—资本主义制度最可怕的判决，因为这
个制度剥夺了大多数人的财产。根据这一点就可以承认，无产者处
在奴隶状态，并丧失任何独立性。如果财产是人的自由和独立性的
保证，那么，所有的人毫无例外地都应该拥有财产，那么就不允许

存在无产者。这是对不合理的资产阶级财产的谴责，它是奴役与压迫的根源。资产者需要财产只是为自己，作为自己自由和独立性的根源。除了财产所提供的自由外，他不知道有别的自由。财产具有双重作用。个性的财产可能成为自由和独立性的保证。但是财产也能够使人成为奴隶，成为物质世界的奴隶，客体的奴隶。财产越来越丧失其个体特征。金钱的特征就是如此，它是人和人类的巨大奴役者。金钱是无个性的象征，是一切和一切之间无个性的交换。甚至财产的主体不再是具有专名的资产者，而被匿名者代替。金钱王国是完全虚幻的王国。在这个金钱的王国里，在数字、账本和银行的纸币王国里，已经搞不清楚谁是所有者，是对什么的所有者。人越来越从实在的王国转向虚幻的王国。金钱王国的恐惧是双倍的：金钱的统治不但是对穷人的欺侮，而且还使人的生存陷入虚幻之中，陷入幻觉之中。资产者的王国将以虚幻对实在的胜利而告终。虚幻是人的生存的客体化的极端表现。实在不与客体性相关，如人们常常以为的那样，而只与主体性相关。原始的是主体，而不是客体。人们在财产方面总是十分不顺利，这可以从下面的情况里看到，当涉及人们的财产和金钱方面问题时，他们的眼珠子奇怪地来回转，因为他们体验到一种尴尬。说资产者总是贪财，只想着发财，这是不公正的。资产者可能根本不是自私自利的和利己主义的人，他可能有对资产阶级精神的无私的爱，甚至可能有对金钱和发财的无私的爱。马克斯·韦伯充分地证明，在资本主义最初阶段曾存在过他称之为 Innerweltliche Askese（德语，内在的、精神上的苦修）的东西。资产者可能是个苦修主义者，并且根本不想着个人享受和生活上的舒适，他可能是观念的人。说资产者的生活是幸福的，这同样也不正确。全世界的智者在所有的时代都说，财富和金钱不能提供幸福，这已是老生常谈。对我来说最重要的是，资产者自己是奴隶，而且还使其他人成为奴隶。无个性的力量奴役人，资产者和无产者都处在它的统治之下。无个性的力量把人的生存抛向客体性。资产者可能是非常有美德的人，也许是规范的保卫者，而且通常就是这样。但统治能使资产者非道德化。任何统治阶级都在非道德化。借助于财富的统治所达到的非道德化最为严重。

认为资产者可以通过对社会制度的改变而被克服和被消灭，比如通过社会主义或共产主义制度代替资本主义制度，这是幼稚的想法。资产者是永恒的，他将一直存在，直到时间的结束，因为他可以改变，并适应新的条件。资产者可以成为共产主义者，或者共产主义者可以成为资产者。这是心理结构问题，而不是社会结构问题。当然，由此不能得出结论说，不需要改变社会结构。但不要相信社会结构可以自动地塑造新人。社会主义和共产主义可能在精神上是资产阶级的，可能实行资产阶级的公正与平均的分配。资产者并不严肃地相信另外一个世界的存在，甚至当他正式地信奉某种宗教时，也是如此。宗教的质对他而言是用服务来衡量的，宗教提供这些服务是为了建立此世，以及为了保卫他在这个世界里的地位。资产者不会拿这个世界里的任何东西去为另外一个世界冒险。资产者喜欢说，当世界的经济强盛结束时，当世界的财产发生动荡时，当工人要求改变他们的地位时，世界将灭亡和结束。但这只是程式化的说法。资产者感觉不到终结和最后审判。末世论的前景与他格格不入，他对末世论问题不敏感。在末世论里有某种革命的东西，有关于中间的资产阶级王国结束的信息。资产者相信自己王国的无限性，并痛恨一切有关这个王国终结的提示。与此同时，资产者自己是个末世论的形象，世界历史的一个终点就在他的形象里。世界要终结，部分是因为存在着资产者，假如没有资产者，那么世界就将过渡到永恒。资产者不希望有终结，他想滞留在永不结束的中间，正因为如此，才会有终结。资产者希望量上的无限，但不希望质上的无限。质上的无限就是永恒。资产者通过各种不同的途径实现自己，这个实现与个性的实现对立。但资产者还是人，在他身上始终有上帝的形象。他只不过是个罪人，并把自己的罪当作是正常规范，因此对待他应该像对待人一样，像对待潜在的个性一样。把资产者完全看作是应该消灭的敌人，这是亵渎神明的。那些企图占据资产者的位置，并希望成为新的资产者，成为社会上的暴发户的人才这样做。必须同资产者的统治斗争，必须同资产阶级精神斗争，无论这种精神在哪里表现。但是不应该像资产者学习，不应该把资产者看作是手段。资产者背叛了自己的人性，但是在对待他的态度上不应该背叛人性。

第二节

一、革命的诱惑与奴役

革命的双重形象

1

在人类社会的命运里，革命是个永恒的现象。在所有时代里都有过革命，在古代世界里也曾有过。在古埃及曾有过许多革命。只有从遥远的距离看，埃及才显得是完整的，有着令人惊奇的等级秩序。在希腊和罗马的革命也不少。在所有的时代里，社会下层受压迫的劳动阶级都曾经起义，不愿意继续忍受压迫和奴役，它们推翻了看来是永恒的等级制度。在客体化世界里，没有任何永恒的东西，没有任何东西是由上帝确立的，只能有暂时的平衡和不稳定的、表面的幸福。在相对比较短的时期内，人们可以习惯没有危机，没有战争，没有革命的生活。但是，土壤总是像火山一样。相对平衡和安宁的时代很快就会过去，火山的熔岩将从大地深处喷发出来，不可克服的矛盾会激化。在社会存在中革命是不可避免的。革命给一些人带来恐惧和反感，给另外一些人带来对新的、更好的生活的希望。魔鬼在统治着人类社会，而且是在谎言里统治。因此，周期性地发生反抗这个统治的起义，就是自然而然的事。但是，魔鬼很快就控制了这些反抗谎言的起义，开始制造新的谎言。革命的双重性就在这里。上帝的审判在革命里实现。在革命里有末世论的因素，仿佛是接近时间的终点。但革命是一种病，它证明的是，没有找到创造性地改造社会的力量，保守的惯性力量获得了胜利。在革命里还有魔鬼的因素，爆发的是复仇精神、仇恨和杀人。积累起来的怨恨总是在革命里起作用，并战胜创造的情感。[①] 只能盼望其中不再有魔鬼因素的革命。但是魔鬼因素总是在一定时刻获得胜利。革命在非常小的程度上才处在自由的标志之下，在无法比拟的更大程度上，革命处在命运规律的标志之下。革命是人类社会注定的命运。在革命里，人想摆脱国家、贵族、资产阶级、疲惫不堪的圣物和偶像的奴役，但很快制造出新的偶像，新的虚假圣物将陷入新暴政的奴役之中。赫尔岑是革命者和社会主义者。但他摆脱了乐观主义的幻想，对未来有很敏锐的观点。他呼吁参加"自由人同人类的解放者们的斗争"。他说，大众"所理解的平等是平等的压迫"，"真理属于少数

---

① 此句译文有改动，原文疑有误。——译者注

人"。他惊呼道："只要一切宗教、政治没有变成人性的和简单的东西，那么世界就不会有自由"，"痛恨王权是不够的，还应该停止尊重弗利基亚帽①；不把伤害伟大的东西当作犯罪，这是不够的，还要把人民的幸福（salus populi）当作犯罪"。这就意味着，赫尔岑是个人格主义者，其革命性是人格主义的，尽管他对人格主义的哲学论证是十分幼稚和软弱的。这还意味着，赫尔岑完全摆脱了革命的神话。他放弃了人身自由，保卫自己判断上的完全自由，因为他想成为革命者。这是最难的事情。最艰难的革命是人格主义的革命，为了人，而不是为了某个社会的革命。这样的革命还从来没有实现过，如果实现的话，它将比所有的革命都激进。在深刻意义上，真正的革命是对社会赖以存在的原则的改变，而不是某一年和某一天的流血。在真实的意义上，个性具有深刻的革命性，而由中等人构成的大众则是保守的。革命的本性总是反人格主义的，即是反动的。革命的本性总是不利于精神自由、个性自由、个性判断的自由。革命总是指向反抗专制和暴政，但在自己发展的一定时刻，它总是建立独裁和暴政，取消一切自由。革命是一场战争，它把社会分为两个阵营。革命是通过军事独裁的手段实现的。革命只能提出一些民主的口号，但民主只对和平生活才有用，对革命是根本不适用的。革命意味着社会发展的中断。发展的连续性，或者有时人们喜欢说发展的"有机性"，是乌托邦。"有机"比革命—中断更具乌托邦性质，也更难以实现。灾难远比维护忠实于传统的和平发展更具可实现性。极端的方针远比温和的方针更现实。人类社会在自己的发展中经历死亡。为了再生，必须死亡。罪恶的过去被送上十字架。革命就是

---

① 弗利基亚帽：锥形高帽，法国大革命时雅各宾派的标志。——译者注

部分的死亡。在革命里有太多的东西和人都将死亡。新生命通过死亡才能出现。但是，这个新生命常常不是革命者所想象的那个。个人和人民都经历分裂和不幸（黑格尔不幸的意识）。没有这一点，就不可能获得和谐与完满。在这个世界上幸福不可能和平地增长。那些享受着相对平安与幸福的阶级必然要经历不幸和死亡。无限幸福与平安的幻想是最荒谬的幻想之一，如果这个幻想是建立在不公正的基础上，尤其如此。在这个世界上没有人性的公正，只有残酷的，无人性的公正，命运的公正。

从理性规范和道德规范的观点出发讨论革命，这是可笑的和幼稚的。革命总是显得不理性的和反道德的。就自己的本质而言，革命是非理性的，在革命里起作用的是自发的，甚至是疯狂的力量，这些力量总是存在于大众之中，但在一定时刻之前一直是被控制着。在革命里，如同在反革命里一样，获得放纵的是极其残忍的本能，这些本能总是潜在地存在于人的身上。在这里我们遇到革命的主要悖论。革命是非理性的，让非理性的本能获得自由，同时革命总是服从理性化的意识形态，在革命里发生的是理性化过程。非理性的力量被用来实现理性的口号。非理性的，常常是荒谬和不公正的过去的传统经过几百年才积累起来，并阻碍生活的发展，它们被革命推翻，并被理性的组织替代。革命企图建立的未来总是合理的，在未来里应该是理性占上风。但理性占上风是借助非理性力量的反抗。我们在两次最大的革命里都能看到非理性和理性之间的这种关系，即法国革命和俄国革命。革命积极分子被复仇的情感控制，这种情感是可以解释的，但它却采取了自发、非理性的，甚至是疯狂的形式。革命总是被对过去的疯狂仇恨控制，没有从可恶的过去里窜出来的敌人，革命就不能存在，不能发展和成长。当这个敌人实际上不再存在，人们就把他杜撰出来。人们靠关于敌人的神话为生，并向他人提供关于敌人的神话。善依赖于恶，革命依赖于反动。仇恨鼓舞人。神话在革命里比现实发挥的作用无可比拟地大，其实在整个历史上也一样。但还有另一种情感在革命中发挥着决定性的作用，这就是恐惧。处在革命顶峰的领导者们总是生活在致命的恐惧中，他们从来也没有坚定的自我感觉。一般的权力总是与恐惧相关。这个恐惧首先决定了，革命是残酷的，恐怖行动在革命中盛行不可避免。被恐惧控制的人总是要迫害人。被迫害狂控制的人是危险的，他总是要迫害人。最可怕的人是被恐惧控制的人，他们到处都能看到危险、阴谋和谋杀。包围着人们的恐惧情感可能是动物性的和神秘主义的。正是被恐惧情感包围的人在制造宗教裁判所、刑讯、断头台，他们不断使用火刑、断头台和枪杀，被处死的人数无法统计。迫害、拷打和杀害异端分子也是由恐惧引起的。面对恶和恶人（即被某一信仰和世界观认为是恶人）的恐惧是人类生活和人类历史中最大的恶之一。这个恐惧歪曲人的本质，模糊人的良心，常常把人变成野兽。这种情况发生在革命和反革命里（在心理上，革命和反革命是非常相像的），也发生在战争里。当一个人完全被否定的反应所决定时，当他集中在唯一的，在其意识里占全面统治地位的恶时，这是十分可怕的。革命的发生可能是由于被过去生活践踏的个性尊严的复兴，可能是由于对生活的个性评价的出现。但在革命的本性里，个性判断和个性良心总是被集体意识和集体良心所弱化和替代。在革命里发生的是客体化过程，是人的本质向客体世界的异化，但是真正的和彻底的革命应该是对一切客体化的胜利，应该是向自由的主观性过渡。由生存的向外抛所产生的恐惧将导致按照军事化把世界分为两个阵营。敌对的世界成了联合的和普遍的，其中已经找不到"你"，只能遇到"非我"。在这个敌对的"非我"里包含着非常不同的世界。恐惧总是制造一种摩尼教的意识，它把世界分为奥尔穆兹达王国和阿里曼王国。这就导致意识的更高程度的集中，斗争的更大程度的尖锐化。实际上，在所有或大或小的阵营里生活着同样的人，他们都有自己的本能，有能力接受暗示和传染，表现残忍性，同样也有人性的本能，有能力同情和行善。而且坏本能通常胜过好的本能。当然有这样的党派，它们集中了坏的本能。再没有什么能比狂热的观念更能歪曲人的本质了。如果一个人被这样的观念所控制，即整个世界的恶都在犹太人那里，在共济会员或布尔什维克那里，在异端分子或资产阶级那里（不是实际的资产阶级，而是想象出来的），那么，最善良的人也会变成野兽。这是人的奴役方面很值得注意的现象。也许，马拉特永远是个野兽。但关于罗伯斯庇尔已经说过了，如果他生活在和平和安宁的年代，那么他也许会是一位具有美德、仁爱、人道的外省公证员。如果在另一个时代，捷尔任斯基必然会是一个出色的人，不但不是双手沾满鲜血的人，而且还可能是个充满温柔和爱的人。关于托尔克维玛达 ①，人们都知道，就其本质而言他完全是个善良和多情的人。

2

革命的伟大目的是使人摆脱压迫和奴役。那些准备革命的人是英雄主义的人物，为了观念，他们能够牺牲和奉献自己的生命。在自己的获得胜利的年代，革命却把自由消灭干净，这个时代所允许的自由远比革命前的时代少、同一个革命者在革命前和在革命高潮时期完全是不同的人，他的面孔甚至会发生改变，无法辨认。与革

---

① 托尔克维玛达（约 1420—1498），西班牙宗教裁判所首脑。——译者注

命相关的恐惧完全不在于通常所追求的目的。这些目的通常是自由、公正、平等、团结等高尚的价值。恐惧体现在手段上。革命不惜一切代价追求胜利。胜利是靠力量获得的。这个力量不可避免地变成暴力。革命活动家致命的错误与对待时间的态度有关。现在被完全看作手段，未来则完全被看作目的。所以，针对现在而肯定暴力和奴役、残忍和杀人，针对未来而肯定的则是自由和人性，针对现在肯定噩梦般的生活，针对将来肯定的是天堂生活。这里的巨大秘密就在于，手段比目的重要。正是手段和途径见证着人们所拥有的精神。根据手段的纯洁性，根据途径的纯洁性就可以辨认出人们的精神是什么样的。在其中应该实现高尚目的的未来永远也不能到来，因为在未来里仍然是那些令人厌恶的手段。暴力永远也不能导致自由，仇恨永远也不能导致团结，否定敌人的人性尊严永远也不能导致对人性尊严的普遍肯定。手段和目的之间的分裂在客体化世界里确立，但是，在真正的生存世界里，在主观性世界里，这个分裂是不可能的。革命的注定命运和劫难在于，它必然导致恐怖行为。恐怖行为是自由的丧失，丧失的是所有人的自由和为了所有人的自由。起初，革命都是纯洁的，它宣布自由。但随着它的内在发展，由于其中发生的不幸的辩证法，自由在消失，恐怖的统治开始了。对反革命的恐惧控制着革命，革命因这个恐惧而丧失理智。恐惧随着革命的胜利而增长，当革命彻底胜利时，恐惧将达到最大限度。这是革命的悖论，也许这是所有胜利的悖论。胜利者并不能成为宽宏大量和富有人性的，他将成为无情和残忍的，被杀人的渴望所控制。胜利是这个世界上可怕的东西。倒霉的是胜利者，而不是失败者！通常人们看到的是失败者成为奴隶。但人们看不到更深刻的现象，即胜利者变成奴隶。胜利者是最不自由的人，是受奴役的人，他的良心和意识都是不清醒的。恐怖活动是人类生活中最低级的现象之一，是人的堕落，是人的形象的模糊。实践着恐怖活动的人不再是个性，他处在魔鬼力量的统治之下。在这里我主要是指有组织的集体恐怖活动，它们由获得了权力的人们实施。恐怖活动是恐惧的产物。在恐怖活动里占统治地位的总是奴性的本能。没有荒谬绝伦的谎言，恐怖活动就无法实施，它总是求助于谎言的象征。革命和反革命的恐怖是同一种性质的现象。反革命的恐怖是更低级的，更不能获得证明。革命的注定命运在于，它总是携带着这样的种子，从中可以发展出恺撒制度。对大众的残暴统治永远是恺撒的独裁统治。所有的革命都是这样结束的。恐惧永远也达不到善。恺撒、独裁者和暴君是从恐惧和恐怖中产生的。所有非精神的革命，以客体化的世界，即丧失了自由的世界为基础的革命，都是如此。革命应该总是带来新的生活。但是，客体化世界的本质是这样的，在这个世界里，总是有最愚蠢的旧事物进入新事物里。认为革命与旧事物脱离关系，这是幻想，旧事物还要出现，只是换了件新的外衣。旧的奴役改换外衣，旧的不平等转而成为新的不平等。

　　人们总是制造关于革命的神话，革命就靠神话的动力展开。令人惊奇的是，不但大众的想象在制造神话，学者们也在制造神话。人拥有把各种力量和质进行拟人化的不可克服的愿望。革命也在被拟人化，被想象为一个存在物。革命也被神圣化。革命也变成神圣的，如同君主专制和革命前的制度一样神圣。对革命的拟人化和神圣化是革命里过去的东西的遗迹。实际上，革命同样也不是神圣的，如同君主专制不是神圣的一样，客体化世界里任何事物都不是神圣的。神圣事物只在主观性世界里。彻底地摆脱奴役之后，所有这些拟人化和神圣化都是不能容许的。革命可能是必要的，可能是公正的，但不可能是神圣的，它永远是有罪的，就像它所反对的那个制度是有罪的一样。革命的主权和世界上的其他一切主权一样，都是同样的谎言。革命在心理上是一种反动。当不能再继续忍受的时候，革命就爆发了。在革命的高潮时期，紧张气氛达到顶点，这时的破坏比创造更强烈。积极的建设是这之后才开始的。对革命的形而上学而言，最有意思的是对时间的态度。如果一般地说时间是悖论，那么在革命对时间的态度上，这个悖论将达到最尖锐的程度。革命发生在现在，革命的人们处在现在自发力量的统治之下。同时应该指出的是，革命不承认现在，也不拥有现在，革命完全指向过去和未来。革命爱记仇，但是它没有记忆力。起初，革命以为可以不留痕迹地消灭过去。"把旧世界打个落花流水。"[1] 这是愚蠢的幻想。可以消灭过去的各种不公正和奴役，可以消灭属于历史时间的东西，但是不能消灭属于生存时间的东西。可以消灭历史，但不能消灭元历史。革命逐渐地开始恢复记忆，它开始回想起过去。历史是由记忆建立的。记忆的丧失就是历史的消失。令人惊奇的是，记忆会消失在革命的内部。革命以其忘恩负义而令人震惊，它不知道感谢自己的发动者，不知道感谢自己的鼓舞者，常常杀害他们。这可能是革命最卑劣的特征。在革命时期，特别是在革命结束时，革命的历史是无法撰写的，因为革命的主要活动家已经退出历史舞台。这是个十分典型的现象。因为革命是急性的时间病，它只知道过渡，并根据是否对过渡有益来评价一切。在革命者对待时间的态度方面很有特点的是，针对过去，他们通常都是极端的悲观主义者，针对未

---

① 《国际歌》歌词。原文为法语。——译者注

来，他们都是极端的乐观主义者。这就是所谓的"从必然王国向自由王国的飞跃"。这种对待过去和未来的态度对马克思主义来说是特别典型的。实际上，因为过去和未来只是病态的破碎时间的片段，那么，无论是保守主义者对待过去的乐观主义态度，还是革命者对待未来的乐观主义态度，都是没有根据的。只有对待永恒才能采取乐观主义态度，永恒就是对支离破碎的时间的克服。但是，革命的真理在于，革命总是消灭充满过多谎言的、完全腐烂的过去，这个过去毒害着生命。革命总是显现实在，并揭露把自己冒充为实在的东西的非实在性。革命清除许多虚幻，但又制造新的虚幻。革命靠力量消灭这样一种权利，它已经不再是权利，而是转变为暴力。革命是力量和权利的悖论。旧的权利变成对意识的暴力，因为它已经丧失力量。革命变成力量，并企图建立新的权利。从法制的形式主义观点出发反对革命，这是可笑的，因为法制的形式主义认为自己是永恒的，但实际上它属于腐朽的过去。革命是新联合体的建立，普林正确地说，新联合体的建立总是伴随着另外一个，即旧联合体的困境、破坏和终止。革命的敌人和反革命者喜欢谈论革命的恐惧和恶。但他们没有权利谈论这些。应该对革命的恐惧和恶负责的首先是革命前的旧生活及其保卫者们。责任总是在这样的人身上，他们处在上层，而不是在下层。革命的恐惧只是旧体制里的恐惧的变种，只是旧毒素的作用。只有旧毒素才是革命中的恶。这就是为什么反革命力量只能强化革命中的恶，但永远也不能摆脱它。

3

任何大规模的革命都有塑造新人的奢望。造就新人比建造新社会的意义更大，也更激进。在革命后，毕竟可以建立新社会，但是新人却无法出现。这就是革命的悲剧，革命的灾难性失败。在一定意义上，所有的革命都被旧亚当给断送了。旧亚当在革命的终点穿着新衣服出现。这个旧亚当是罪人，他既制造革命，也制造反革命。人的奴役并没有被克服，只是改变了奴役的形式。但这并不意味着革命丧失了意义，搞革命是无意义的，革命是有意义的，它是民族命运里的重要时刻。革命是伟大的体验，这个体验既使人贫乏，也丰富人。贫穷自身就是一种丰富。某些形式的奴役毕竟在革命中被消灭。在革命中，新的平民阶层总是被赋予发挥历史积极性的机会，束缚能量的枷锁被拆除。但是，人的奴役不能从根本上被消除。新人不是制造出来的东西，不可能是社会组织的产品。新人的出现是新精神的诞生。全部基督教无非就是呼唤新精神的诞生，新亚当的出现。然而，代替新人的是新人的标志和象征。这些标志和象征被套在旧亚当的身上，被套在旧人的身上。一切不是作为实现，而是客体化的历史成就，其悲剧就在这里。客体化永远也不是实现，而是象征。这就是历史悲剧的实质。历史悲剧要求历史的终结。真正的、深刻的、根本的革命是意识结构的改变，是改变对待客体化世界的态度。历史上的革命从来也没有对意识结构进行过这样的改变，它们仍滞留在决定论的范围内，不是被自由决定，而是被命运决定。大规模革命的意义在于，其中有末世论的因素，但这个因素总是被历史的决定给掩盖着，被推入历史时间之中，以至于几乎不能把它区分出来。生存时间在革命里只是瞬间，它被历史时间之流冲走了。革命总是没有好结果。（革命的结果总是）决定论战胜自由，历史时间战胜生存时间。革命的精神总是与精神的革命对立。革命的悲剧平庸和平凡到令人恐怖的地步。革命的血腥恐怖是平庸的和平凡的。革命是中等人实现的，并且是为了中等人实现的。中等人根本不想改变意识的结构，不希望新的精神，不想成为新人，不希望实际上克服奴役。对革命而言，为了达到非常微小的结果却需要大量的牺牲。这就是此世生活的经济学。谈论世界过程和历史过程的合目的性是没有用的。目的论世界观的保卫者们企图肯定世界上客观的合目的性。如果客观的合目的性存在的话，那么它与主观的、人性的、生存的合目的性也没有任何共性。客观的合目的性压制人，人不得不用自己的主观合目的性和自己的自由来与之对抗。上帝只在自由里，只在主观性里起作用。上帝不在客观的和决定论的世界里起作用。客观的合目的性是人的奴役。走向自由的出路就是同客观的合目的性决裂。

二、集体主义的诱惑与奴役

乌托邦的诱惑

社会主义的双重形象

1

人在其孤立无援和被遗弃状态里自然要到集体里寻找解救。为使自己的生命更有保障，人愿意放弃自己的个性，以减少恐惧。他宁可拥挤在人的集体里。人的团体生活、原始氏族的生活从拥挤的集体开始，从原始的共产主义开始。图腾崇拜与社会集体相关。在文明的顶峰，在20世纪，重新形成的集体要求崇拜偶像。在这些偶像里可以发现原始图腾崇拜的体验。杜克海姆宣传的社会学宗教是对图腾崇拜的体验，他在野蛮部落的团体里发现了图腾崇拜。集体主义的诱惑和奴役在人类生活里占有重要位置。在人的个性里发生的是各种社会集团和团体的交织。齐美尔曾经谈到过这一点，他认为社会只是个体的相互作用。人属于各种社会团体，如家庭、阶层和阶级、职业、民族和国家等。这些团体相对于人只有功能性的关系，但是人对这些团体进行客体化，把它们想象为集体，在其中他觉得自己是服从的部分，他在其中消解。应该把下面这样的时代称为集体主义时代，这时部分和分裂的社会团体被集中化和普遍化。似乎形成一个统一、集中的集体，它被当作是最高的实在和价值。集体主义的真正诱惑就从这个时候开始。集体开始发挥教会的作用，区别只在于，教会毕竟承认个性价值和个性良心的存在，集体主义则要求良心彻底外化，要求把良心转移到集体的器官上。聚和性和集体主义之间的原则区别就在这里。教会的聚和性在历史上常常采取人的奴役的形式，否定自由的形式。教会聚和性常常是虚假的。但是，基督教聚和性原则自身只能是人格主义的。作为精神共性的聚和性处在主体里，而不在客体里，它意味着主体的质，意味着在主体里揭示普遍性。对聚和性的客体化，把它转移到社会建制上来，这永远意味着奴役。集体主义的诱惑与奴役无非就是把精神的共性、共通性和普遍性从主体转移到客体，或者是把人生的部分功能客体化，或者把整个人生客体化。集体主义总是专横的，其中意识和良心的中心被置于个性之外的大众、集体的社会团体里，比如，置于军队里，置于极权的党派里。干部队伍和党派可以导致个性意识瘫痪。于是就产生各种类型的集体意识，它们可以和个性意识共存。一个人可以拥有个性意识和个性判断，与此同时，这个个性意识可能会受集体情感和判断的局限，甚至受它们的奴役。在这种情况下，大众情感可能唤起残忍和残暴，但也能唤起慷慨和牺牲精神。在集体里，人对危险的恐惧被弱化，对安全保障的需求被弱化。这是集体主义诱惑的原因之一。把某个组织当作最终目的，而其余的生活都被看作是手段和工具，这是十分巨大的危险。耶稣会以及某些秘密团体，极权党派，如法西斯党派就是如此。所有强大的和有影响的组织都有这个趋势，有时这个趋势还采取无所不包的集体、庞然大物的形式。这时，集体主义诱惑将达到其奴役人的极限形式。一切组织都要求一定的纪律，但是当纪律要求放弃个性意识和良心时，它就会变成集体暴政。教会、国家、民族、阶级、党派都可能变成集体暴政。集体总是向个性许诺加强其在斗争中的能量。孤立的个性很难为生活而斗争。实际上，集体主义由人的需求和无助的状态引起。更正常的，更少无助和更少痛苦的状态将导致个体化。当人们指责工人，说他们不理解个性的最高价值，怀疑地对待人格主义真理，并且完全依靠集体，这时人们忘记了，孤立的工人完全是无助的和被压制的。在职业联盟里或社会主义党派里，工人就成为力量，并能够为改善自己的地位而进行斗争。经济的社会化对保卫工人的个性是必须的，但这个社会化应该导致社会的人格主义。这就是公正地组建社会的悖论。

人们的共性和团结有不同层次：全人类的、民族的、阶级的、人格主义—人性的。全人类和人格主义—人性的共性和团结相对于民族和阶级的共性和团结的优势也意味着个性、个性尊严和个性价值对客体化集体的胜利。人应该达到这样的状态，在这里他不再阶级化，即他不再贴近某个集体。这也意味着克服民族、阶级、宗派、家庭、军人的高傲，这个高傲远比个性的高傲更强烈，并为强化个性的高傲提供理由。社会团体既能扩大也能缩小个性的范围。但是，社会团体相对个性的优势，个性受社会团体的决定，最终都将剥夺个性的自由，并阻碍个性获得生命的普遍内容。我们只是用比喻的方式谈论社会意识、民族意识和阶级意识的存在。意识总是在人身上，在个性里拥有自己的生存核心。但是，在客体化过程里可能对意识进行如此外化，以至于能够建立一种集体意识的稳定幻想。实际存在的是集体的无意识，而不是集体的意识。聚和性的意识，或者谢·特鲁别茨科伊公爵称之为意识的社会主义的东西也是存在的，但它只是普遍的个性意识的质的层次，是个性对共通性的获得。社会的前提是其成员的分离性，原初的融合不是社会，其中也没有个性（埃斯皮纳斯）。但这个分离完全不与共通性和聚和性对立，也不排斥它们。说在集体里没有任何实在性，没有任何生存的东西，这是错误的。只是在集体里，这个实在的东西被外化给歪曲了，与人们的共性相关的生存的东西则被客体化给贬低了。对个性行为和社会行为的区分是一种抽象，在基督教意识里，这种抽象曾为不公正的和深刻地反基督教的社会制度提供证明。人生中的任何个性行为同时也都是社会行为，其中必然有社会的投影。人不是封闭于自身的单子。人的个性的社会辐射总是存在的，甚至在自己最隐秘的思想里，个性也给人们带来解放或奴役。任何指向社会和社会团体的社会行为同时也是个性行为。国家的统治者、企业的主人、家长、党派领袖的社会行为也是个性行为，他对这些行为负责。不可能在成为暴君和剥削者的同时还是个好的基督徒或在个性生活中是个有人性的人。社会的东西总是在个性的内部。集体主义的诱惑与奴役意味着社会性的东西被抛向外面，而人觉得自己是这个被抛向外面的社会性东西的部分。比如，民族或阶级的高傲也是个性的高傲，但人却觉得这个高傲是美德。这是最大的谎言，它充满人的生活。民族和阶级的利己主义也是个性的利己主义。充满仇恨的民族主义是个性的罪。人为集体的名义犯罪，他把自己与这些集体等同，这些犯罪也是个性的犯罪。这是奴隶—偶像崇拜者的犯罪。但是，在个性的发展和各层次集体组织的发展之间存在着无可争议的冲突。集体小组可以缩小个性的内涵，并破坏个性的完整性，把个性变成自己的功能。民族、国家、阶级、家庭、党派、宗派等，都能这样做。集体主义是对抽象统一和极权主义错误思想的偏执。这样的统一是对人的奴役。人的解放要求的不是统一，而是各种不同因素的合作和爱。精神上的联邦制应该与精神上的中央极权制对立。不但统一的观念是错误的，而且抽象的公正观念也是错误的。存在着关于公正的悖论。公正自身不是个体的，它被确定为"一般的"、人人都应遵守的、普遍的原则。但是，抽象的、非个体的公正，作为一般对个体的统治的公正，将成为不公正。真正的公正是个体的公正。公正的情感可能成为集体的情感，而不是个性的情感，可能使安息日高于人。公正是神圣的，但公正可能掩盖集体的诱惑与奴役，掩盖一般和无个性的主权。公正不应该使个性良心外化、普遍化。当公正与完整的个性和自由，与怜悯和爱无联系时，它就是愚蠢的。平等的观念在一定的时刻可能在实践上具有有益的意义，成为为人的解放和尊严而进行的斗争。但平等观念自身是空洞的，并不意味着对每个人的提高，而是对邻居的嫉妒的目光。然而，人格主义毕竟建立在所有人在上帝面前平等的基础上。革命的真理是每个人的自由和尊严的真理，不是所有人，而是每个人。"所有人"是一般，"每个人"是个性，是个体。在社会生活中有两个目的：减少人的痛苦、贫穷和屈辱，以及创造肯定的价值。在这两个目的之间可能会有冲突，但它们最终是可以结合的，因为减少人的痛苦、贫穷和屈辱，就意味着向人展示创造价值的可能性。

2

在每个人那里都保留着对完善和充实的生命的梦想，关于天堂的回忆和对上帝国的寻找。在所有时代，人们都在建立各种类型的乌托邦，并企图实现它们。最令人惊奇的是，乌托邦远比表面看上去更容易实现。最极端的乌托邦也比适度—合理地组织人类社会的计划更实际，在一定意义上也更实在。中世纪在基督教的变了形的形式上实现了柏拉图的乌托邦。神权政治最具乌托邦性质，但神权政治社会和神权政治文明在西方和东方都被实现了。所有大规模的革命都证明，能够实现的正是最极端的乌托邦，而表面上看更实在和更实际的、更适度的意识形态则被推翻，不发挥任何作用。在法国大革命里获得胜利的不是吉伦特派，而是雅各宾党人，因为他们曾企图实现卢梭的乌托邦，这是一种完善的、自然的、合理意义上的乌托邦。在俄罗斯革命里，获得胜利的是共产主义者，而不是社会民主党人、社会主义者—革命者或民主主义者，共产主义者企图实现马克思的乌托邦，这是完善的共产主义制度的乌托邦。当我说，乌托邦是可以实现的，它们在神权政治体制里，在雅各宾派的民主制里，在马克思的共产主义里被实现了，我不是想说它们在最实在的意义上确实被实现了。这个实现也是失败，并最终导致这样的制度，它与乌托邦的意图是不符的。一般的历史就是如此。但是在乌托邦里有动力，这个动力使斗争的能量获得集中和紧张，在斗争的高潮，非乌托邦性的意识形态显得更软弱。在乌托邦里总是包含完整、全面地安排生活的意图。与乌托邦相比，其他理论和流派都是部分的，因此不那么能鼓舞人。乌托邦的吸引力就在这里，它自身所携带的奴役的危险也在这里。极权主义总是携带着奴役。只有上帝国的极权主义才是对自由的肯定。在客体化世界里，极权主义永远是奴役。客体化世界是部分的，无法对它进行完整、全面的安顿。乌托邦是在人的意识里对上帝国的歪曲。前面已经说过的王国的诱惑是乌托邦的根源，乌托邦总是意味着一元论，在客体化世界里的一元论总是人的奴役，因为这总是强迫性的一元论。不再是奴役与强迫的那种一元论只有在上帝的国里才是可能的。在我们的世界条件下，完善社会的乌托邦，神圣王国和神圣统治的乌托邦，人民或无产阶级的完善和绝对的普遍意志的乌托邦，绝对公正和绝对团结的乌托邦，都与个性的最高价值，与个性良心和个性尊严，与精神和良心的自由发生冲突。精神自由，个性自由都要求二元论的因素，要求区分上帝的国和恺撒王国。乌托邦企图消灭这个二元论因素，把恺撒王国变成上帝的国。神权政治的乌托邦，以及神圣君主制度的乌托邦就是如此。人的解放就意味着否定客体化的历史世界里有任何神圣性。只有在生存的世界里，在主观性世界里才有神圣的东西。真理总是在主观世界里，在少数人那里，而不在多数人那里。但真理的这个贵族主义不能被客体化在某个贵族等级制度之中，因为这样的制度永远是谎言。贵族主义的乌托邦并不比所有其他乌托邦更好，它也同样奴役人。真理的贵族主义并不意味着某种特权，它意味着义务。在赫尔岑的话里包含着痛苦的真理："为什么相信上帝是可笑的，而相信人类就不可笑；相信天国是愚蠢的，而相信人间的乌托邦就是智慧的？"[1] 这些话反对所有乌托邦。然而，在乌托邦里也有真理。人应该追求完善，即追求上帝的国。只是在乌托邦里有令人窒息的东西，有某种在美学上令人厌恶的东西。当人们尝试实现乌托邦时，就会出现对不完善生活的梦想，这种不完善的生活被认为是更自由的和更人性的。这是因为乌托邦是恺撒王国和上帝国的混淆，是此世和另外一个世界的混淆。乌托邦所希望的是完善的生活，是强迫的善，是在不对人和世界进行实际的改变，在没有新天地的前提下，对人的悲剧进行理性化。乌托邦提出末世论问

---

[1] 参见《赫尔岑选集》俄文版，30卷本，第6卷，苏联科学院出版社1955年版，第104页。——译者注

题，终结的问题。

3

社会主义的反对者们说，社会主义是乌托邦，并与人的本质矛盾。这里有一种模棱两可。不清楚的是，他们不渴望社会主义，是因为它不可实现，是乌托邦，是幻想，或者说社会主义不可实现，是因为人们不渴望它，并尽一切努力阻止它的实现。社会主义理想是好的和公正的，但遗憾的是，它不可能被实现，或者说社会主义的理想是愚蠢的和令人痛恨的，这两种说法完全不是一回事。资产阶级—资本主义世界的人士把这两个证据混淆起来，既利用这个，又利用那个。有时社会主义可能被认为是好的、美丽的幻想，但却不可实现，有时社会主义被认为是令人厌恶的奴役，应该尽一切努力抵制它。社会主义的乌托邦无疑存在过，在社会主义里有乌托邦的成分。有社会主义的神话，如同有民主的、自由主义的、君主制的、神权政治的神话一样。但社会主义不是乌托邦，而是严酷的实在。如果在 19 世纪社会主义可以被认为是乌托邦，那么在 20 世纪，不如说自由主义是乌托邦。社会主义是不可实现的，因为它要求的道德高度与人的现实状态不符，这个证据是不充分的。更正确地应该说，社会主义是可以实现的，正是因为人的道德水平并不是足够高，因此需要对社会进行组织，这个组织将使得人对人的过分沉重的压迫成为不可能。自由主义经济学依靠人的利益的自然角逐，它建立在非常强大的乐观主义基础上。社会主义自身包含着悲观主义成分，它不愿意依靠社会—经济生活中力量的自由角逐，悲观主义地评价自由在经济生活中的后果。不能指望强者靠自己的道德完善而终止对弱者的虐待。不能指望完全靠人们的道德完善而进行社会变革。应该靠改变社会结构的行为来支持弱者。抽象的道德主义用在社会生活上就是伪善，因为它支持社会的不公正和恶。在圣徒的社会里就不再需要任何社会行为去保卫弱者，反对强者，保卫被剥削者，反对剥削者。社会主义社会不是圣徒的社会，这恰好是罪人和不完善的人的社会，不能指望在这样的社会里出现人的完善。具有世界意义的社会主义问题是十分复杂的，并有许多不同的方面。社会主义的形而上学和精神方面以及它的社会和经济方面需要非常不同的评价。社会主义的形而上学在其最常见的形式上完全都是错误的。因为其基础是社会先于个性，是这样一种信仰，即个性完全是由社会塑造的。这是集体主义的形而上学，是集体主义的诱惑。社会主义者常常信奉一元论，否定恺撒王国和上帝国的区分，否定自然—社会的王国和精神王国的区分。社会主义的形而上学认为一般比个别更实在，阶级比人更实在，它认为在人的后面是社会阶级，而不是相反，即在社会阶级的后面是人。极权的、完整统一的社会主义是错误的世界观，它否定精神原则，使人社会化直至人的深处。但是，社会主义的社会经济方面是公正的，这是基本的公正性。在这个意义上，社会主义是基督教人格主义的社会投影。社会主义不是必然的集体主义，它可能是人格主义和反集体主义的。只有人格主义的社会主义才是人的解放。集体主义的社会主义是奴役。人们指责社会主义工人运动是唯物主义。但他们忘记了，工人被强迫地拖进物质里，因此很容易成为唯物主义者。不但社会主义文化，而且民主主义的文化也没有高级的质，这种文化被庸俗化了。这就意味着，人类社会必须解决人类生存的基本的物质问题。

社会生活的基础是两个问题，对它们的和谐解决是最困难的，这就是自由问题和面包问题。可以在剥夺人的面包的前提下解决人的自由问题。基督在旷野里拒绝的诱惑之一就是把石头变成面包的诱惑。① 在这里，面包成了对人的奴役。基督拒绝的所有三个诱惑都奴役人。陀思妥耶夫斯基在《宗教大法官的传说》里天才地表达了这一点。对这个传说的如下解释是错误的，即面包问题不需要肯定的解决，不要面包，只有一个自由就够了。在剥夺人们的面包后，就可以奴役他们。面包是个伟大的象征，社会主义的问题就与它相关，这是个世界性的问题。人不应该成为"面包"的奴隶，不应该为了"面包"而献出自己的自由。这是社会主义的双重性问题，是两种社会主义的问题。集体主义的社会主义的基础是，社会和国家先于个性，平等先于自由，这个社会主义以面包为前提，但却剥夺人的自由，剥夺人的良心自由。人格主义的社会主义的基础是，个性、每一个个性绝对先于社会和国家，自由绝对先于平等。人格主义的社会主义给所有人提供"面包"，保留他们的自由，不让他们的良心异化。有时这一点可以表述为，民主的社会主义为了自由，极权的社会主义反对自由。这个区分还不能涉及问题的深处。民主是个相对的形式。个性和自由的价值具有绝对的意义。一方面，民主意味着人民的主权，大多数的统治，在这个意义上它不利于个性和自由。但是另一方面，民主意味着人的自我管理，意味着人权和公民权，意味着人的自由，在这个意义上它具有永恒的意义。18世纪和19世纪的人们寻找人在社会中的解放，即相信社会应该使人成为自由的。但是，还有一种完全不同的提问方式。可以不在社会里寻找人的解放，而是在上帝里，这还意味着使人摆脱社会的统治。这一点与社会一元论对立，社会一元论必然导致奴役。这样做的前提是二元论的因素，精神无法从社会里导出。可以确定两种类型的社

---

① 参见《马太福音》第4章。在俄文里面包和粮食、食物是一个词，我们在这里选用"面包"一词仅仅是为了行文方便。——译者注

会主义，奴隶的社会主义和自由人的社会主义，这是用更现代的术语来表达的。奴隶的社会主义总是集体主义和国家主义的社会主义，这是法西斯的社会主义。这一点已经完全被世界上发生的过程所揭示，在这些过程里显现出极限的原则。在法西斯社会主义里表现出对强力的帝国意志，法西斯社会主义可能是"左的"，可能是"右的"。愚蠢的和奴役人的正是社会主义里的法西斯主义因素。公正的和值得同情的不是法西斯主义因素。法西斯社会主义必然导致官僚主义的王国。根据悖论的辩证法，平均的统一将导致建立极权的等级制度。这是个不可避免的过程。对社会主义的官僚主义化不但发生在法西斯社会主义里，而且还发生在自认为是民主的社会主义里。欧洲的社会—民主党派和社会主义党派遭到官僚主义化和中央极权化的威胁。只有用人类社会中实在的分子化过程来与此对抗，这些过程建立在人格主义价值，以及人们之间人格主义的博爱的价值基础上。这也是实在的民主，而不是形式的民主，就是人的自我管理，即从下面来的自由。社会主义变成奴性王国还是由于同样的客体化。与这个客体化对立的那个自由总是在主体里，而不是在客体里。

4

社会主义能否成为人格主义的社会投影，人格主义的社会主义是否可能？人格主义的社会主义似乎是个矛盾的词组。简单化的思维很容易倾向于这样一个思想，即人格主义的社会投影是自由主义。这是个很大的错误。经济和社会生活中的自由主义是资本主义的意识形态，人格主义则是对资本主义制度毫不妥协的否定。人格主义不允许把人的个性变成物和商品（用马克思的术语是Verdinglichung，物化）。工人不可能成为工业发展的工具。工资制是奴隶制度。人格主义也不能容忍金钱对人的生活的无个性统治。人格主义不能容忍对价值等级的歪曲，资本主义世界就建立在这个等级之上①，不能容忍对人的这样一种评价标准，即他有什么，在社会上占有什么样的地位。完全把人看作是在生产中占有一定位置的工人，这是对人的无法忍受的奴役。经济先于精神，不承认个性是最高价值，这是社会主义里愚蠢的东西，这也是资本主义的遗产，是继续对价值进行的资本主义破坏。压制个性良心的荒谬的集体主义是资本主义工业的产物。人对土地的依赖更少残酷性。人摆脱了受土地的奴役，但是，受解放工具的痛苦奴役在等待着他。在自己的评价上，人格主义与没有受到歪曲的真正基督教一致。只有丧失良心的基督徒才反对穷人保卫富人。基督教是穷人的宗教，因此没有可能把它变成对资本家和金钱的保护。资本主义是金钱的宗教，最令人惊讶的是，存在着对这种宗教的无私的保卫者，存在着这种宗教的纯粹的思想家。资本主义不但是对穷人的欺侮和压迫，它首先是对人的个性，对任何人的个性的欺侮和压迫。就是资产者自己的个性也受资产阶级的资本主义制度压迫。不但是无产者，而且资产者自己也被无个性化和非人性化了，资产者丧失了精神自由，他是奴隶。社会主义提出了无产者的问题，就自己的意义而言这是个世界性的问题。无产者存在的事实自身，和资产者存在的事实一样，与人的尊严矛盾，与人的个性价值矛盾。无产阶级的存在是不公正和恶。无产阶级化是人的本质的异化，是对人的本质的掠夺。马克思揭露了这一点，并尖锐地提出这个问题，这是他的贡献。无产者在世界上的地位与个性的最高价值不相容。无产阶级化与从工人手

---

① 原文如此，疑有误。根据上下文，此句应为"资本主义世界就建立在这个歪曲之上"。——译者注

里剥夺生产工具相关，与工人必须出卖自己的劳动相关，这个劳动也是一种商品。在这个意义上资本主义社会在道德上远比中世纪的社会低，中世纪的社会与手工业和职业团体相关。甚至可以说，农民离世界的根源更近，无产者离世界的终结更近，在无产者里有某种末世论的东西。

与资产阶级相对的无产阶级的出现是人类罪恶在历史中的社会化和客体化的产物。有一种伟大的责任，即应该对无产阶级化的人在世界上的存在负责。无产者是被抛弃的人，人们不关心他。无产者的拯救只在与难友们的结合之中，只在劳动联合体之中。平均地看，无产者、工人和所有的人一样，有好人，也有坏人。马克思在其青年时期的作品里说，工人不是最高类型的人，工人是非人化最为严重的存在物，是人的本质内容丧失最多的存在物。关于无产阶级弥赛亚主义的神话与这个说法并不一致。在马克思主义的历史上，这个神话注定要发挥巨大的作用。工人大众比资产阶级大众更好，更少被损害，更值得同情。但是工人可能被怨恨、嫉恨和仇恨的情感所毒害，在自己取得胜利之后，他们可能成为压迫者和剥削者。富人虐待穷人，然后穷人杀害富人。人类历史是个可怕的喜剧。只是少数人由自己的理想和信仰决定，大多数人则受经济利益、阶级和职业的利益，以及否定的情感决定。马克思主义的无产阶级不是经验的实在，这是由知识分子所创造的观念和神话。作为经验实在，工人是非常分化的和不同的，他们不是人性完满的体现者。作为无产阶级社会的未来社会主义社会，无产阶级文化，这些观念完全都是荒谬的和矛盾的。在社会主义社会里不应该有无产阶级，而应该有这样的人，人的尊严将归还给他们，人性的完满将归还给他们。这是人道化对非人道化的胜利。贵族或资产者享有特权的和高傲的地位不应该被无产者享有特权的和高傲的地位代替。被统治意志所控制的，享有特权的和高傲的无产者只是新的资产者。无产者不但是社会—经济的范畴，而且还是心理—伦理的范畴。对社会进行组织应该消灭无产者的社会—经济范畴。在人身上将不再发生其劳动力的异化。劳动力的异化就是无产阶级化。每个劳动者都将拥有生产工具。世界上发生的精神运动应该消灭无产者的心理—伦理范畴。应该完全站起来的不是作为过去的恶和不公正的遗产的无产者，而是完整的人。在无产者身上应该肯定的不是他的无产业，而是其人的个性尊严。不应该用无产阶级文化来号召无产者，而应该用人类的文化号召他。无产阶级的革命性是普遍的奴役和下降，人性的革命性则是普遍的解放和上升。过去的不平等、不公正和受侮辱地位制造了被压迫者的意识错觉。唯物主义、无神论和功利主义就是这样的错觉。这是"人民的鸦片"。值得注意的是，意识的收缩发生在被压迫者的身上（工人、国家、遭到失败的人和被征服的人、移民），也发生在那些害怕丧失自己特权地位的人身上。"资产阶级性"和"无产阶级性"同样都是意识的收缩和贫乏。"资产阶级—资本主义"世界和"无产阶级—社会主义"世界都是抽象，其中的一个世界包含在另一个世界里。资本主义不可能包容整个生活和整个文化。彻底对立的应该是资产阶级世界和真正的基督教世界，客体化的以及被决定的世界和人格主义的自由世界。还应该指出，无产者的概念并不等同于穷人的概念。福音书关于贫穷的概念是指精神上的优势，这个概念与无产者状态的概念不是一个东西，无产者的状态不可能意味着优势。这一切迫使我们去研究阶级社会和无阶级社会这个基本问题。

5

阶级社会建立在谎言的基础上，它是对个性尊严的否定。人格主义是对阶级社会的否定，它要求建立无阶级社会。这是社会主义的真理，也是共产主义的真理。但是当社会主义企图成为彻底无产阶级的，并追求建立无产阶级社会时，它仍不能摆脱阶级社会的遗产。人格主义的社会主义不应该是阶级社会，而应该是人民和人性的社会，即摆脱了阶级社会统治的社会。阶级社会将产生新的奴役。阶级所确定的是人们之间的差别和不平等，这个差别和不平等不是建立在人们的个性尊严、个性的质和使命的基础上，而是建立在与出身和血缘或与财产和金钱相关的特权基础上。对人的这种阶级划分所依赖的不是人性原则，而是与人性对立的原则。社会必然是分化的，但这不是在社会阶级意义上的分化。分化、差别、不平等应该是人性的和个性的，而不应该是社会——阶级的和无个性的。在贵族之间存在着重大的差别和不平等，但是每个贵族都有贵族的尊严，在社会意义上与另外一个贵族平等。因此，整个社会都应该由贵族构成，尽管贵族之间有个性的差别。资产阶级和工人之间的区分是荒谬的、非人性和非个性的区分，这个区分应该消失。所有人都应该成为工人，所有人都应该成为贵族，但不是成为资产者和无产者。对社会的平均化过程的需求不是为了使人们之间平均化和无个性化，而正是为了分化和多样化，为了揭示个性的质的差别，这些差别被社会的阶级制度所掩盖和压制。无阶级社会完全不是乌托邦，它是个无法阻止的实在，意味着社会的人道化。贵族社会不隐藏阶级的存在，在这里阶级被称为阶层。这些阶级在原则上保卫不平等，如种族和出身的不平等。这是贵族社会的真诚和坦率。资产阶级社会隐藏阶级的存在。资产阶级社会的思想家们断定，在公民平等的条件下不再有阶级，他们指责社会主义者杜撰了阶级和阶级斗争的存在。资产阶级社会的不真诚和荒谬性就在这里。阶级是存在的，不但工人在进行阶级斗争，资产阶级也在进行阶级斗争，而且是十分艰难的斗争。作为阶级中的人而存在以及阶级先于人，这都是社会的巨大的恶，特别是在现代社会。无产阶级的优势在于，它追求自我消灭，转变成人类。马克思主义的社会主义观念也是这样。在实践上存在着无产阶级的阶级自我肯定，这个自我肯定阻碍建立新社会。一切阶级的心理都是罪恶的，人的尊严就在于对阶级心理的克服。当资产阶级建议无产阶级克服自己的阶级心理并停止阶级斗争时，那么这就是伪善和斗争的狡猾手段。真正人类的和人性的社会是博爱的社会，其中不可能有阶级的等级制度，人们之间的差别在这里将按照另外的方式被确定，其中最好的和拥有最高质的人不是由权利来决定，而是由义务来决定。博爱的社会不是外在的组织，它要求人们的精神高度。个性的质的选择永远也不能与经济优势相关。最好的人格主义社会的基础不是公民观念，不是生产者的观念，也不是政治或经济的观念，而是完整的人和个性的精神观念。这就意味着精神先于政治和经济。公民的观念和生产者的观念是抽象，是完整人的分裂。完整性总是在人身上，而不在社会里。优秀的、高质量的少数人的特权，以及与无质的大众相对的精神贵族的特权，同阶级的特权之间无任何共性，这些特权不允许社会的客体化。社会里总会有在质上不同的团体，它们与职业、使命、天赋、高级文化相关，但在这里没有任何阶级的成分。阶级首先应该被职业取代。社会不可能由丧失了质的差别的大众构成。在每个固定的社会里都有不平等的趋势，不允许提出以低层次为标准的平等化要求。庶民的统治可以这样建立，但庶民不是人民。人格主义不允许对人进行阶级上的贬低。对人的提高首先是精神上的提高，在物质上，与其说人能被提高，不如说是被平均化。对精神的否定总是具有错误指向的精神的现象。社会问题和精神问题的结合还没有发生，这里的罪过在双方。在19世纪的社会思想中，接近人格主义社会主义的人在我们这里有赫尔岑，在西方有蒲鲁东，但他们的哲学是很糟糕的。年轻时期的马克思的某些思想发展有可能导致人格主义的社会主义，但是马克思主义的进一步发展却走向相反的方向。

我的这部著作目的不是展示解决社会问题的纲领。我是哲学家，而不是经济学家。我所感兴趣的是社会问题的精神方面。这就是关于人的自由和奴役的主题。针对社会问题，这个主题可以具体化，即关于面包、无产阶级和劳动的主题。解决社会问题不是建立天堂，更准确地说，这是解决一些十分基本的问题。应该保证所有人，保证每个人都有面包，不应该有无产阶级，不应该有无产阶级化的人，不应该有非人道化和非人格主义化的人，劳动不应该遭到剥削，劳动不应该变成商品，应该找到劳动的意义和价值。被遗弃的人，丧失任何的生存保障的人存在于世，这些都是不能忍受的事情。只有自私的谎言才断定人类生存的这些基本问题是不可解决的。不存在这样的经济规律，它们要求人类的大多数陷入贫困和不幸。这样的规律是由资产阶级政治经济学杜撰出来的。当马克思否定这些规律，当他提出建立依赖于人的积极性的社会时，他是十分正确的。解决这些问题是复杂的，也没有超前于解决这些问题的现成学说。在解决社会问题上的死守教条完全是毁灭性的，永远是对个性的暴力。最应该警惕的是社会一元论。社会一元论总是会变成暴政和奴役。经济的多元化体制更有利于人格主义，这就是民族化的经济、社会化的经济和个性经济的结合，因为这个多元化体制不允许资本主义化和剥削。能够被社会化的只有经济，而不是精神生活，不是人的意识和良心。经济的社会化应该伴随着人的个性化。人们之间的团结是精神上的任务，是不能被社会组织解决的。这种团结是亲密性和结合，但不是在抽象——一般之中，而是在具体——个体之中。这种团结要求人和民族的个体性。人格主义也要求分散化和联邦制，要求与中央极权的庞然大物斗争。社会问题不能靠夺取政权来解决，像现代多数流派所想象的那样，如共产主义、议会民主制。夺权政权意味着政治的首要地位，意味着这样或那样形式的国家主义。但政治在很大程度上是虚构的东西对人的生活的统治，在这方面，虚构的东西的统治类似于金钱的统治。社会问题要靠人民生活的分子化过程来解决，这些过程使社会组织再生。社会问题要从下面来解决，而不是从上面解决，从自由出发来解决，而不是从权威出发。靠具有专制特征的政治来解决社会问题，靠政权的威信来解决社会问题，在很大程度上都是虚构的解决，它不能建立新的社会肌体组织。实现公正也要求强迫性的社会行为，但是人们之间团结的共性和共通性则是靠自由建立的，由深刻的分子化过程建立的。社会问题的实际解决不可能靠蛊惑性的谎言。人格主义是对真理的要求。

　　自由总是根植于精神之中，在自己的社会投影里，自由将产生悖论。在社会生活中，形式上的劳动自由可能产生奴役。资本主义社会里劳动的自由就是如此。存在着自由的层次和次第。最大限度的自由应该在精神生活里，在良心里，在创造里，在人对上帝的态度里。但随着人们在物质生活里的下降，自由将受到限制，直至最低限度。为了人们的实际自由，为了劳动者的实际自由，经济生活的自由应该受到限制，否则强者将欺侮弱者，奴役他，并使他没饭吃。经济的自律是假的和虚幻的自由。虚假的一元论或极权主义把经济生活中对自由的限制转移到精神生活里对自由的限制，甚至是消灭它。这是所有极权主义体制的巨大的恶。世界经历过极权主义体制的统治。世界至今还不知道劳动的实在自由，或者只知道很少见的和很有限的劳动自由。社会主义运动与野蛮的劳动剥削斗争，与对劳动者的经济奴役斗争，但它甚至都没有提出深刻的、精神上的、形而上学意义上的劳动问题。古希腊贵族的唯理智主义蔑视劳动，抬高智力和美学的直观。中世纪基督教苦修主义承认劳动的价值，但这个价值不是呈现为创造，而是呈现为救赎。近代之初，加尔文主义特别抬高了理性劳动，但这个理性劳动导致建立享有特权的资产阶级，导致资本主义制度。现代世界知道对劳动的社会主义颂扬。但非常奇怪的是，对劳动的这个颂扬并没有揭示劳动的意义，它只是意味着摆脱繁重劳动对工人的压迫。在社会主义里包含着由社会主义世界观的局限性产生的矛盾。使劳动者摆脱劳动的奴役统治，这是完全公正的解放，它提出闲暇时间的问题，人们并不知道用什么来填充闲暇时间。在资本主义制度里对经济的合理化和技术化制造了失业，这是对该制度最可怕的谴责。其他更公正和更人性的社会组织可以使人摆脱过分长时间和繁重的劳动，也制造出闲暇时间，这个闲暇时间将用"无害的游戏和舞蹈"来填充。是否可以说，完全摆脱劳动的负担，把人的生活转变成连续的闲暇时间就是社会生活的目的呢？这是对人生的错误观点，是否定人在大地上生命的严峻与艰难。劳动应该摆脱奴役和压迫，但不可能完全摆脱劳动。劳动是人在这个世界上生活的最大实在，是原初实在。政治和金钱不是原初的实在，而是虚构的统治。应该让劳动的实在占主导地位。在劳动里既有救赎的真理（你必汗流满面才得糊口），也有人的创造和建设的真理。这两个因素都存在于劳动里。人的劳动使自然界人化，见证着人在自然界里的伟大使命。但是，罪与恶歪曲劳动的使命。于是发生了相反的劳动的非人化过程，发生了人的本质在劳动者那里的异化。这是旧的奴役和新的资本主义奴役的恶和不公正。人不但想成为自然界的主宰，而且还想成为作为自己兄弟的人的主宰，于是，他奴役了劳动。这就是人的生存的客体化的极端形式。比如我们在马克思所称的"商品拜物教"里就能看到这一点。

如果说应该解放劳动，那么也不应该把劳动神圣化，变成偶像。人生不仅仅是劳动、劳动的积极性，人生还是直观。积极性将被直观代替，直观不可能从人生里被排除去。劳动积极性对人生的完全统治可能使人服从时间之流的奴役。直观则可以成为从时间的统治走向永恒的出路。直观也是一种创造，但它是与劳动不同的创造。资产者的世界观除了个人利益外不允许任何其他的劳动动机。仅仅是在丧失工作以及与家庭一起遭受饥饿的威胁之下工人才高效地和守纪律地劳动。这就是劳动的奴役。与社会主义对立，资产阶级认为，经济的有效性建立在个人利益的基础上。社会利益不能产生富有成效的经济。但是，在资产阶级社会里，工人在别人的经济里劳动着，他们对这个经济不感兴趣。这就意味着，富有成效的经济建立在工人的一种奴性恐惧基础上，即担心成为被抛向街头的人。在资本主义社会里劳动的动机就是奴役。个人在经济生活里的主动性完全不等同于掌握着生产工具的资本家的主动性，资本家的主动性在经济生活里可能几乎是缺乏的。经济企业的首倡者和领导者可以是工程师—专家，他不是企业的所有者，他是作为一个社会活动家，作为一个创造者而对这个企业感兴趣。个人的创造积极性在经济生活里永远存在。经济的主体毕竟是个性，但这完全不意味着对生产工具的个人占有。对生产工具的个人占有可能造成对其他人的奴役。无论如何，人格主义不能允许个人利益在经济生活中占统治地位和竞争，即不能允许人与人之间弱肉强食的关系。但是，在资本主义经济里并非一切都建立在个人利益基础上。那将是关于经济和社会生活的过分理性化——唯理智论的观念。事实上，潜意识本能在经济生活中发挥着巨大的作用，应该把这些本能同理性利益区分开来。资产阶级在社会斗争中常常更多地遵循这些潜意识本能，非理性的偏见，而不是理性的和有意识的利益。人在自己的自我中心主义里常常是不理智地行事。比如，出于对发财的渴望而准备战争，但在战争里发动者自己也将灭亡。在社会生活中，由潜意识所产生的梦，甚至是真正荒谬的东西，都发挥着不小的作用。在政治里，比如在国际政治里，有许多荒诞的东西。人们追求的是死亡，使自己服从注定的命运。行将就木的世界里的人们，腐朽社会制度下的人们特别固有这个特征。为了建立新世界，为了过渡到新的社会制度，必须经历严肃的苦修生活。认为苦修只适用于个性生活，这是错误的，它还适用于历史和社会生活。为了克服集体主义的诱惑与奴役，克服新的社会奴役，必须减少主体对客体性世界的奉献。这意味着个性在与世界诱惑的对抗中的精神上的坚定性，这些诱惑奴役个性。在这种情况下，个性应该更多地具有好的意义上的社会性，更少地具有坏的意义上的社会性，即个性应该是从自由出发的社会性的个性，而不是从决定论和奴役出发的社会性的个性。世界应该由劳动社团构成，它们在精神上联结和结合为一个联盟。

第三节

一、爱欲的诱惑与奴役

性，个性与自由

1

　　爱欲的诱惑是最流行的诱惑，性的奴役是人的奴役的最深刻根源之一。生理上的性需求在人身上很少以纯粹的形式出现；性需求总是伴随着复杂的心理情绪以及爱欲的幻想。人是有性别的存在物，就是说人是被分成两半的、有缺失的和渴望填充的存在物，不但是在自己的生理上，而且也在自己的心理上。性不仅是人的一个与性器官相关的专门功能；性遍布人的整个有机体。弗洛伊德充分展示了这一点。值得注意的是，性是人的生活的隐蔽方面，在性里总是有某种令人羞愧的东西，人们不准许暴露性。人为自己受性的奴役而感到羞愧。在这里我们面临一个惊人的悖论：作为生命根源和生命最大张力的东西却被认为是令人羞愧的东西，并应该隐藏。也许，只有罗赞诺夫一个人最尖锐地提出了这个问题。对性的态度是如此奇怪和如此地与其他一切不相像，它使人产生这样一个想法，即性与人的堕落有特殊的联系。性仿佛是人堕落的痕迹，是人的本质的完整性丧失的痕迹。只是在 19 世纪末和 20 世纪初，思想、科学和文学才开始对性和性生活的秘密进行大量的揭露。指出罗赞诺夫、魏宁格尔 ①、弗洛伊德和劳伦斯这些名字就够了。弗洛伊德对无意识的性生活的科学揭露起初引起了针对他的强烈不满。劳伦斯则被认

――――――――――
　　①　魏宁格尔（1880—1903），奥地利哲学家和作家。——译者注

200

为是色情作家。但这毕竟标志着在 20 世纪人类对待性的态度上的彻底转变。如果把 20 世纪的小说与 19 世纪及以前各世纪的小说比较一下，会发现区别是巨大的。文学总是表现爱情，这是文学最喜爱的主题，但是性生活却仍是隐藏着的。只有到了 20 世纪才真正开始表现公开的性，而不再是隐藏着的性了。从狄更斯到劳伦斯，从巴尔扎克到蒙泰朗 ①，这是一条漫长的道路。人仿佛走上了揭露的道路，他不想或者不能停留在意识的幻想之中。在马克思和尼采那里已经开始了对人的本质的揭露，在陀思妥耶夫斯基和克尔凯郭尔那里是按照另外一种方式，但更加深刻地揭露了人的本质，尽管他们并没有专门涉及性。基督教用罪的观念掩盖性，但也留下某种含混的东西，罗赞诺夫就在揭露这个含混之处。我对这个问题感兴趣是在这样一个视角下，即个性和自由有最高价值，以及它们受性奴役的压迫。我们将看到，这是两个不同的问题，性欲和爱欲问题，性别和爱情的问题。甚至是三个问题：性别、家庭和爱情。在性结合与生殖之间存在着生理联系，但没有精神联系，如同在性结合与爱情之间没有必然联系一样。下面的事实是无可争议的，即性吸引和性行为是完全无个性的，在其中也不包含任何专门属于人的东西，它们把人同整个动物世界结合在一起。性标志着人的缺损和不完满，性是类对个性的统治，是一般对个体的统治。在服从性生活的统治之后，人将丧失对自己的控制。在非个体化的性吸引中，人似乎不再是个性，而是变成无个性的类过程的功能。性欲具有非个性的特征，爱欲则具有个性特征，这就是它们之间的巨大区别。性吸引和爱情之间没有任何直接和必然的联系。甚至爱情可能降低性的吸引。

① 蒙泰朗（1896—1972），法国作家。——译者注

爱情指向不可重复的个体存在物，指向个性，在爱情里不能有替换。性吸引是允许替换的，也不必然地意味着对个性的态度。即使在性吸引发生个体化的情况下（这是常有的情况），性吸引也不意味着对完整个性的态度，因为性吸引是通过无个性的类的自发力量而发生的。性是人的奴役的根源之一，是与人类生命可能性自身相关的最深刻的根源之一。这个奴役可能具有十分野蛮的形式，但也可能采取精致的诱惑形式。性生活具有产生爱欲幻想的能力。叔本华正确地说，人可能成为类的自发力量的玩物，类使人产生幻想。在热恋着的伊万看来，玛利亚是个美女，尽管所有的人都认为她长得丑。但并不是所有的爱情—钟情都是爱欲的幻想，爱情也可能成为向无个性的类的自发力量之外的个性的突破，向不可重复的人的突破。那么，这就意味着克服了性和爱欲幻想的奴役。爱能决定和辨认出个性，以及一切不可替代的个体的东西，爱肯定永恒，这就是爱的意义。但世界的气候不利于真正的爱，对爱常常是致命的。爱是世界之外的现象，它产生于客体化世界之外，是这个决定论世界里的突破，所以爱常遇到来自世界的阻挠。因此，在爱和死亡之间存在着深刻的联系。这是世界文学的核心主题之一。然而，首先应该区分两种类型的爱。

可以按照不同的标志来划分爱的类型。但我认为最重要的是区分上升的爱和下降的爱。马克斯·舍勒关于这一点有非常敏锐的思想，尽管这些思想也许没有指向问题的深处。钟情之爱以及比男女之间的爱情更广泛的爱欲是上升的爱。钟情是向上的引力，是心醉神迷，它能达到创造中的神魂颠倒。爱欲之爱的前提总是缺损、不完满、对填充的思念、对具有丰富功能的东西的渴望。爱欲是魔鬼，人常常受它的控制。柏拉图在《斐德罗篇》里所说的带翅膀的灵魂因钟情而增长。柏拉图认为爱欲有两个根源：富有和贫穷。爱欲是上升之路。但在柏拉图那里这个上升之路是从感性世界向理念世界的过渡。柏拉图的爱欲不是对具体的活生生存在物的爱，不是对个性的爱。这是对理念、美、神圣高度的爱。爱欲是反人格主义的，不懂得不可重复的个性，也不肯定它。这就是柏拉图主义的局限。与柏拉图主义相关的色欲（эротика）的悲剧也在这里。索洛维约夫生活里的色欲也是如此，他钟情的不是具体的女人，而是永恒的神圣女性。色欲与具体的女人相关，但具体的女人带来的只有失望。在这条路上，爱欲的幻想是不可克服的。只有神圣的美不是幻想。但钟情之爱并不一定必然具有柏拉图主义的这个特征，它可能与个性和个性的关系相关。

还有另一类爱：下降的爱，奉献的爱，而不是索取的爱。这是怜悯之爱，同情之爱（caritas）。同情之爱不为自己寻找任何东西，它因自己的丰富而向其他人奉献。爱欲之爱是在上帝中与他者结合。同情之爱是在被上帝遗弃的状态里，在世界的黑暗之中与他者结合。如果不是在同情之爱的意义上使用爱一词，那么不能爱所有的人。爱是一种选择。不能强迫自己去爱。但同情之爱、仁慈和怜悯可能针对所有的人，并与选择无关。爱欲之爱要求相互性，仁慈之爱没有这个要求，这就是仁慈之爱的丰富和力量。真正的爱欲之爱在自身里包含着同情之爱和怜悯之爱。不懂得仁慈和怜悯的爱欲之爱将具有魔鬼的特征，并折磨人。纯粹状态的爱欲是奴役，是爱者的奴役和被爱者的奴役。爱欲之爱可能是无怜悯心的和残酷的，它制造巨大的暴力。基督教之爱不是爱欲，而是神圣之爱。希腊语对表达爱的细微差别是十分丰富的：爱欲（эрос）、神圣之爱（агапэ）、友爱（филия）。爱是人的复杂状态，在爱里可能交织着爱的不同侧面：

上升之爱、心醉之爱可能与下降之爱、怜悯之爱结合。但是，把基督教之爱同怜悯、恻隐和同情的因素完全分开，把它完全看作是爱欲之爱，如20世纪初人们喜欢做的那样，这是对基督教的深刻歪曲和诱惑。决不允许把怜悯和同情完全归给佛教，基督教也深刻地固有这些特征。但是，把基督教之爱完全肯定为精神之爱，把它与心理之爱，与对作为具体存在物的被造物的眷恋分开，这同样是对基督教的歪曲。这是反人格主义，是对个性的否定。真正的爱是从个性到个性，在抽象—精神之爱里，在观念的爱欲之爱里，在指向无个性的被造物的片面怜悯里，真正的爱遭到损害和歪曲。爱总是把爱的对象拟人化。但这可能不是指向具体存在物的拟人化，而是指向观念的抽象存在物的拟人化。实在的爱欲是可能的。但爱欲的幻想也是可能的。真正的爱欲—钟爱在世界里的命运如何？我所感兴趣的不是爱的所有形式，不是专门的基督教的爱，而是与性相关的爱。

2

蒲鲁东没有特别深刻的思想，但他说，爱是死亡。爱和死亡的联系的主题一直折磨着窥视生命深处的人。在爱的神魂颠倒的顶峰就有一种与死亡的神魂颠倒的接触。实际上，神魂颠倒意味着超越，是走出日常世界的范围。爱与死亡是人生中最重要的现象，所有不具备特殊天赋的人，没有能力达到创造高潮的人，都有爱的体验，也会有死亡的体验。而且，死亡的体验在生命自身内部存在，这就是接触死亡的秘密。与爱和死亡相关的是人生最大的张力，是摆脱强迫性的日常性的统治。爱将克服死亡，爱比死亡更有力，但同时爱也导向死亡，使人处在死亡的边缘。这是人的生存悖论：爱是对完满的追求，但在爱里也有致命的毒刺，爱是为了永生的斗争，爱欲也是可以致死的。客体化世界的日常性降低了爱和死亡联系这个主题的尖锐程度。爱，指向个性永生的人格主义的爱不能被客体化世界的日常性所容纳，这种爱遭到客体化世界排挤，因此它处在死亡的边缘，这是在比肉体死亡更广泛的意义上所理解的死亡。特里斯坦与伊索尔德①，罗密欧与朱丽叶，他们的爱情都导致死亡。柏拉图主义的爱是悲剧性的、无出路的。社会日常性把爱吸引向下边，使之变得无害，建立婚姻和家庭的社会建制，实质上，它否定了作为生命张力和神魂颠倒的爱的权利，因为这些东西不利于社会建设。关于爱的自由的争论是最荒谬的。社会日常性否定爱的自由，认为爱的自由是不道德的。因为宗教否定爱的自由，所以宗教也处在社会日常性的统治之下，并执行日常性的意图。爱的自由问题的提法是不正确的和肤浅的。除了自由的爱之外不可能有任何其他形式的爱，强迫的、从外面决定的爱是荒谬的词组。应该否定的不是爱的自由，而是爱的奴役。爱可能是最大的奴役。这个奴役是由爱欲的幻想产生的。但这与对爱的自由的社会限制没有任何关系，尽管这些限制具有宗教性质。不可能也不应该为了义务（社会义务和宗教义务）而放弃爱，这是奴性的要求，只有为了自由或为了怜悯才可以放弃爱，即为了另外一种爱。在爱的主题里，社会不能提供任何判断，它甚至没有能力发现爱的现象，总是在谈论某种其他的东西。爱的主题应该完全和彻底地非社会化，就自己的实质而言，爱的主题一开始就是非社会化的。社会化的是家庭，而不是爱。爱与死亡的深刻联系不可能为社会所发现，也不可能为这样的人发现，他们以社会的名义说话，即所说的不是那个东西，而且是牛头不对马嘴。

---

① 特里斯坦与伊索尔德（又译绮瑟）：法国流行的骑士小说中的人物。——译者注

社会所能发现的只是粗糙的实在。基督教神学家、教会的教士、基督教官方代表，他们关于爱的问题除了一些庸俗的话以外，从来也没能说出任何东西，甚至没有发现爱，这一点证明，基督教在日常的客体化世界里已经被严重地社会化，迎合了社会的要求。他们谈到性、性吸引和性行为、婚姻、家庭和生育，但是没有谈论爱，他们所看到的完全是生物学或社会学的现象。爱的主题被认为是远比性行为或婚姻和家庭的商业方面主题更为有伤大雅。在性、家庭和金钱以及金钱的神秘剧之间存在着神秘的联系，但是爱却不在这个范围内。像圣奥古斯丁这样的人写出过关于婚姻的著作，但这种著作非常类似于养畜业的体系；他甚至没有意识到爱的存在，所以，关于这个问题他无法说出任何东西，这和所有基督教教士一样。我深深地坚信，他们在自己的道德说教里所表达出来的思想总是不道德的，即这些思想与人格主义真理深刻对立，他们把个性看作是类的生命的手段。也许，在欧洲基督教历史上关于爱的主题第一次是由法国普罗旺斯游吟抒情诗人提出的，在情感文化里他们占有重要位置。婚姻和家庭是人的生存的客体化，爱则属于无限的主观性。

有三个俄罗斯思想家深刻地提出了爱与死亡的问题，而且是按照很不同的方式解决这个问题的，他们是索洛维约夫、罗赞诺夫和费奥多罗夫。索洛维约夫是个柏拉图主义者，他自己的爱欲体验与柏拉图主义有关。他的索菲亚学说就是如此。这个学说与个性学说发生冲突。《爱的意义》也许是索洛维约夫所写的东西中最出色的。在这篇文章里，他克服了无个性的柏拉图主义的限制，第一次在基督教思想史上没有把爱欲之爱同类联系在一起，而是同个性联系在一起。对他而言，爱不是与生殖相关，不是与类的永生相关，而是与实现个性生命的完满相关，与个性的永生相关。索洛维约夫在爱和生殖之间确定了对立关系，这与关于婚姻爱情意义的所有传统学说都不同。爱情的意义是个性的，而不是类的。在生殖中发生的是个性的瓦解，揭示的是类生命的恶无限性的前景。通过爱情，个性的雌雄同体的完整性获得恢复，人不再是分裂的和有缺损的存在物。爱情不但拥有人间的意义，而且还有永恒的意义。爱情在下面的意义上与死亡有联系，即爱情是对死亡的胜利，是获得永生。但是还有一个问题，索洛维约夫的爱的意义在多大程度上是可以实现的。他自己的爱情体验在这个意义上是悲剧性的。罗赞诺夫是与索洛维约夫相对立的另一极。索洛维约夫关于爱的学说是人格主义的。在他这里，死亡靠个性的爱来战胜。罗赞诺夫关于爱的学说是类的、无个性的。在他这里，死亡是靠生殖来战胜的。作为基督教对待性的态度的批评者，罗赞诺夫具有重大的意义。他把生育的性神圣化。他看到的性不是堕落的标志，而是对生命的祝福；他所信奉的是生的宗教，并把这个宗教与基督教对立，把基督教看作是死的宗教。罗赞诺夫要求把作为生命根源的性行为神圣化，并为之祝福。他认为死亡的根源不在性里；在性里存在的是对死亡的克服的根源。索洛维约夫感觉到古老的性的罪恶。罗赞诺夫则完全感觉不到这个罪恶，他想返回到古代的多神教世界，返回到犹太教，在这里有对生的祝福。基督教在个性和生育的性之间制造了冲突，因此罗赞诺夫就成了基督教的敌人。对他来说，似乎不存在个性问题。对个性的敏感意识将引起对生育的性的敌视。在这里，成为主要问题的将不再是生的问题，而是死的问题。但应该记住，历史上的基督教教师们总是完全用生殖来证明婚姻的爱情。性、性行为被当作淫欲（concupiscentia）来诅咒，但作为性行为结果的生殖却被祝福。罗赞诺夫公正地发现了这里的伪善，他对这个伪善进行揭露。不管怎样，传统的基督教关于爱情的学说，如果这可以称之为爱情的话，完全都是关于类的、生育的爱情学说。爱情不但没有个性意义，而且爱情的个性意义被宣布为不道德的。这里与罗赞诺夫有交叉点，但罗赞诺夫要求的是彻底性和真诚性：如果生殖获得祝福，那么生殖的根源也应该获得祝福。费奥多罗夫首先为死亡而忧伤，不能容忍死亡，哪怕是一个存在物的死亡，他呼吁同死亡进行大规模的斗争。在这方面没有谁能比得上他。他想战胜死亡，但不是通过个性的爱欲，也不是通过个性的永生，如索洛维约夫那样，而是通过复活死人，不是被动地等待复活，而是积极地复活。他想把爱欲的能量变成复活的能量，想转换爱欲的能量。他相信时间逆转的可能性，相信人不但可以统治未来，而且也可以统治过去。复活是对过去的积极改变。费奥多罗夫不是个爱欲哲学家，索洛维约夫和罗赞诺夫以不同的方式都是爱欲哲学家；对死人的怜悯之爱笼罩着费奥多罗夫，他呼吁的不是类的、集体的生，而是类的、集体的复活。但是，这三个人都深刻地思考了爱与死亡的问题，性的奴役和死亡的奴役问题。

人的本质的深刻矛盾与性的自发力量相关。人体验着性的贬低人的奴役。性折磨人并引起人生中的许多不幸。但同时，与性相关的还有生命的张力，性的能量是生命的能量，并可能成为创造的生命激情的根源。无性的存在物是生命能量较低的存在物。性的能量可以转换，与专门的性的功能分离，并指向创造。这甚至是克服性奴役的途径之一。爱欲的能量可以成为创造的源泉。性是人的缺损的标志，与性相关的是一种特殊的忧郁。这个忧郁在青年时期最强烈。同时，性可能遭到可怕的亵渎，通过性，整个人生都可能被亵渎。最庸俗的东西可能与性相关。被亵渎的不但是性的生理方面，而且也有性的心理方面，色欲遭到亵渎，这时，爱的语言自身令人难以忍受，说不出口。在这里，性的奴役具有了非常轻浮和肤浅的形式。性在日常性的王国里是可怕的，性在资产阶级世界里是可怕的，并与金钱对人的生活的统治相关。性的奴役与女性原则对人生的统治相关。女人非常倾向于被奴役，同时倾向于奴役人。在男人的本性里，性是部分的，在女人的本性里，性是完整的。所以，性奴役在女人本质里表现得更为严重。个性在男性本质里比在女性本质里表现得更为明显，这个个性的实现并不意味着否定或弱化性的创造的生命能量自身，而是意味着对性奴役的克服，意味着性的升华和转化。对性奴役的完全和彻底的克服将意味着获得雌雄同体的完整性，这个完整性根本不意味着无性。色欲在创造的本性里发挥着巨大的作用。但是，把色欲普遍化，彻底地用色欲代替伦理，并不利于个性的原则，不利于个性的尊严，不利于精神自由，而可能成为更精致的奴役。对个性和自由的保卫要求伦理原则，要求精神的积极性。色欲可能是精神的消极性，是心理肉体原则对精神原则的统治。那么，性的意义是什么，婚姻结合的意义是什么？

3

整个人的爱欲生活都是由冲突构成的。在客体化世界里，这些冲突不可能被彻底克服。弗洛伊德断定性生活是不和谐和冲突的，他是完全正确的。人体验着与性相关的创伤。他体验着无意识的性生活和社会、社会日常性的监督之间令人痛苦的冲突。这个冲突既是与性相关的性欲冲突，也是与爱相关的爱欲冲突。但是对弗洛伊德而言，爱欲之爱仍是封闭的，这与其世界观的局限性有关。冲突走向人的生存深处，走向形而上学的深处。在人的人间生存里，性已经意味着人的完整生存向外抛、客体化、外化和分裂。通过强大的无意识欲望，性把人束缚在客体化世界里，在这个世界里占统治地位的是决定论、必然性，不是从内部，而是从外部的被决定性，这个被决定性来自已经变成客体的人的自然本性。这就是性的秘密。人的解放同时就是摆脱作为强迫人的客观性的性奴役。只有客观性强迫人，而性就强迫人。人陷入其中的幻想就在于，当人处在受强迫的状态时，他也愿意把性欲望的满足看作是自己的自由。性是人身上无个性的东西，是一般和类的统治；只有爱才能是个性的。属于个人的东西不是性欲（сексуальность），而是色欲（эротика）。索洛维约夫和魏宁格尔都理解这一点。在性的意义上，类和无个性的东西与逻辑和形而上学意义上类和无个性的东西有着深刻的联系。人企图消除自己的性和自己的个性之间的冲突。性在自己的表现里侵害个性的尊严，性使个性成为无个性力量的玩物，并贬低人。与性相关的羞愧就来源于此。这个羞愧随着个性和个性意识的增长而增加。性的类的生命使个性成为生产其他个性的手段，个性的满足只是幻想，是类的生命所必须的幻想，而不是个性自己所必须的幻想。当性在生育其他人、生育后代之外找到出路时，那么性很容易转向淫荡，病态地损害个性的完整性。人的有机体的部分功能指向反对整个有机体。这是性欲的冲突，它们产生于色欲冲突之前，色欲冲突属于人的生存的更高领域。在下面，爱欲之爱的现象处在与性的无个性生命的冲突之中，在上面，处在与客体化的婚姻，与作为社会建制的家庭生活的冲突之中。人受性的奴役和家庭的奴役，这两个奴役都是客体化的产物，是在社会日常性世界里性的客体化和爱的客体化的产物。人遭受压迫，有时候会被复杂的冲突之网压垮。自然界在奴役人，社会也在奴役人。不能在从自然界向社会的过渡里寻找解放，也不能在从社会向自然界的过渡里寻找解放。处于混乱状态的性服从自然欲望的统治，这样的性可能成为人的瓦解，个性的灭亡。在社会方面有组织的性服从限制和监督，这样的性制造新形式的奴役。在客体化世界里，在社会日常性世界里，无法避免在作为社会建制的家庭里对性的组织。当然，家庭的形式不是永恒的，可能会发生非常大的变化，并十分依赖于社会的经济制度。这类似于把社会组织成国家。家庭常常奴役个性，只有让家庭接近博爱类型才能使这个奴役降到最低。但同时家庭也促进人的类型的塑造，保卫人不受国家独断权力的侵害。无论生物学意义上的性生活，还是社会学意义上的家庭生活，都与爱欲之爱的主题没有直接关系，甚至不提出这个主题。正如已经说过的那样，爱不属于客体化世界，不属于客体化的自然界，不属于客体化的社会；爱仿佛来自另外一个世界，是在此世里的突破，爱属于无限的主观性世界，自由世界。因此，才可能有爱和家庭的深刻冲突，这个冲突只是个性与社会、自由与决定之间冲突的表现。爱的意义只能是个性的，不可能是社会性的，这个意义对社会始终是封闭的。暴虐与家庭形式相关，它比与国家形式相关的暴政更可怕。等级地组织起来的、专横的家庭凌辱和残害人的个性。反对这些家庭形式的解放运动具有深刻的人格主义意义，是为人的个性尊严而进行的斗争。世界文学在为人的情感自由的斗争中具有重大意义，这不是为性的欲望的自由而进行的斗争，像人们对世界文学指责的那样。这是为个性而进行的斗争，为自由而反对决定的斗争。自由总是精神的。在社会客体化的世界里应该保卫更自由形式的家庭，更少专横性和更少等级性的家庭。家庭同样不可能成为基督教的，如同国家不可能成为基督教的，如同在社会客体化的世界里不可能有任何神圣的东西一样。福音书就要求摆脱家庭的奴役。

211

4

在世界历史上，恐惧包围着爱。这个恐惧是双重的：世人对爱的态度上的恐惧，爱所遭受的来自社会的残害；爱给世人带来的恐惧，这是爱的内在恐惧。这种双重性有社会的和形而上学的根源。爱的社会恐惧与社会等级组织的专制有关，这个恐惧如果不能被完全克服的话，也可以使之达到最低限度。但是爱的形而上学的恐惧在这个世界上是无法被克服的。在爱里有某种携带死亡的东西。爱欲之爱具有一种转变成生命的普遍原则的趋势，使其他一切都服从自己或排挤其他一切的趋势。所以，爱欲之爱不仅仅是对生命的完满和张力的寻找，它也是对生命资源的收缩和贬低。在爱里有专横和奴役。女人的爱最具专横性，它要求一切为自己。所以，女人的爱与个性原则发生冲突。爱与醋意的联系赋予爱以魔鬼般的特征，这一点最强烈地表现在女人身上，她们可以变成泼妇。爱的形而上学恐惧不仅在于世界上有如此之多专断的爱，甚至不在于有许多爱是不可能被分有的（这是更痛苦的）：爱的形而上学恐惧存在于相互分有的、所谓幸福的爱内部。这与个性的秘密相关，与男女本质的深刻差别相关，与开始时爱的心醉和这个爱在日常生活中实现之间的不一致相关，与爱和死亡的神秘联系相关。但爱的恐惧和悲剧被生活的理性化给弱化了，被人的生存向社会日常性的深入给弱化了，即被客体性对主体性的胜利给弱化了。真正的爱总是稀有的花朵，它濒于死亡并正在从世界上消失，对这样的爱来说，世界实在是太低劣了。爱的悲剧因不断产生的阻力而达到紧张状态。现在一切都变得轻松了，但是也不那么紧张和有意义了。所获得的不是深刻的解放，而是肤浅的解放。这是世界上的爱的悖论，是自由在世界上的悖论性的表现之一。自由要求抵抗和斗争。没有精神上的努力，自由很容易成为平庸和无内容的。婚姻在自己的社会投影里总是与经济有很大联系，常常带有强迫的商业性质。婚姻要成为圣事（таинство），还有太远的距离。现在的婚姻具有的不是强迫的商业性质，而是自由的商业性质。这是对生活的理性化，这种理性化发生在一切领域。

爱与狭义上的性，与性结合的关系是十分混乱和矛盾的。在性结合里明显地有堕落的痕迹；到处都能看到这一点，这使人感到局促和不安。但人企图理解和证明性结合。类似于饮食过程的生理需求的简单满足不专门属于人的生活，也不提出意义问题，这属于人的动物生活方面，只提出限制和克服动物本性的问题。人为自己想出三种理解性结合的方法。首先，性结合的意义是生殖，是类的延续。在社会日常性的王国里，这是最流行和最具美德的观点。在人格主义的价值取向面前，这个观点是不道德的和伪善的，尽管其中有表面上的美德。但这美德也常常不道德。把个性完全看作是类的手段，为了类的目的而剥削个性的欲望和情感，这是不道德的。极权国家无耻到了极端的地步，因为它们企图为了类和国家的利益而组织人们的性生活，就像组织牲畜一样。断定人们渴望性结合是为了生殖，这是伪善的，与此同时，这样的目的只能是反思的结果。性结合自身就有意义。与此对立的一个观点认为，性结合的意义在于它所带来的直接满足和享受。这个观点也是不道德的（尽管不是伪善的），因为它使人成为自己低级本质的奴隶，并与作为自由精神的个性的尊严冲突。还有第三个观点：性结合的意义在于和所爱的人结合，在于获得由这个结合带来的完满。这个意义是个性的，是唯一允许的，在道德上和精神上都被证明的。这个意义要求对性进行精神化。甚至可以悖论地说，只有这样的性结合才是被证明的，即它意味着相互爱慕的人对"个性幸福"的追求，尽管不能相信任何"幸福"。婚姻的意义和证明只在爱情里。没有爱情的婚姻是不道德的。关于对待孩子的应有态度问题与此没有任何共同之处，这完全是另外一个问题。当提出性和爱欲之爱的主题时，有两个过程是必须的：一是外在地摆脱社会的压迫与奴役，摆脱对家庭的专横的理解；二是内在的苦修，没有内在的苦修，人就会成为自己和自己低级本质的奴隶。所有类型的爱都能够成为人的奴役，无论是爱欲之爱，还是怜悯之爱（如陀思妥耶夫斯基笔下的梅诗金公爵）。但是，爱欲之爱应该与怜悯之爱结合，否则爱欲之爱就会成为奴役者。只有当爱的体验与自由的价值结合时，爱的价值才不奴役人。爱的意义总是在于人化和理想化，甚至当涉及对原则和观念的爱，而不是对具体存在物的爱时亦然。比如，对祖国的爱就是一种人化。当然，对上帝的爱也要求人化。在自己的顶峰，爱总是在上帝里见到可爱的人。

二、美的诱惑与奴役

美，艺术与自然界

1

美的诱惑与奴役类似于巫术，它不能涉及人类过多的大众，主要表现在文化精英阶层内部。有这样的人，他们生活在美和艺术的魅力之中。这可能与人们的心理结构有关，可能是很独特的，也可能是模仿和时髦的结果，环境的一定状态传染的结果。在有些时代，会出现美的时髦。当我说，唯美主义主要是文化精英阶层所固有的，我不想以此论断说没有属于人民大众生活的唯美主义。唯美主义甚至在更大的程度上属于百姓，而不是资产阶级。但是在百姓这里，唯美主义具有另外的特征，也不会变成唯美至上主义，后者已经意味着文化的衰落。美的诱惑与奴役总是意味着个性价值的弱化，甚至是对个性价值的消灭，意味着个性生存中心的转移，意味着把人的一个方面变成整体。人将成为自己的部分状态的奴隶，成为控制着他的情感魔力的奴隶。在这个基础上塑造这样一种类型的唯美至上主义者，只有在精致文化的时代，在文化与劳作的、更为严酷的生活基础分离的时代，他们才可能存在。这时，美的评价成为唯一的评价，并取代所有其他评价。道德的、认识的、宗教的评价可能被美的评价取代。在这种情况下，唯美至上主义者很少是追求美的人。在道德领域，在认识领域，在宗教里，都存在着唯美主义，甚至政治也可能被美的评价所决定。宗教里的唯美主义一般都具有礼拜仪式方面完全占主导地位的形式。在心理上，这意味着人服从麻木状态。在道德领域，唯美主义用对待美和人身上的美丽外表的态度替代对待作为具体存在物的人的态度，替代对待具体个性的态度。在哲学上，唯美主义感兴趣的与其说是真理，不如说是一定的情感状态。这个状态或者是由和谐的哲学体系引起的，或者是由不和谐的哲学体系引起的，这取决于唯美主义的类型。在政治上，唯美主义感兴趣的与其说是公正和自由，不如说是情感状态（这些状态或者是由理想化的过去引起的，或者是由理想化的未来引起的），是对立冲突的尖锐性；政治上的唯美主义与对恨或爱的紧张体验相关。美的诱惑是被动的诱惑，是丧失精神的积极能力。甚至在美的投影里的斗争都能体现为被动的反映，而且没有精神的积极参与。唯美主义者是被动类型的人，他享受被动性，靠反映生活，这是个消费者，而不是创造者。唯美主义者可能参加极端形式的革命，或者是极端形式的反革命，这是没有区别的，但这永远意味着被动性，意味着用被动的唯美主义情感代替永远是积极的良心努力。伟大的艺术家—创造者从来都不是唯美主义者，他们甚至可能对生活采取严肃的和极端的伦理态度，比如托尔斯泰。创造的艺术行为完全不是美的，只有创造行为的成果才能是美的。美的诱惑使人成为观众，而不是演员。我们在这里遇到了唯美主义的一个著名悖论。人们可能这样想，对待生活完全持美学态度的人处在主观性之中，而不是处在客观性之中。但这只能表明术语的不确定和含混。美的诱惑恰好意味着一切都变成了直观的客体，缺乏主体的积极性。如果唯美主义者生活在自己的感觉和情感世界里，那么这完全不意味着他生活在主体性的生存世界里，生活在精神、自由和创造积极性的世界里。相反，在唯美主义者的精神结构里，感觉和情感被客体化，被向外抛。生活中彻底的唯美主义指向会弱化实感，导致许多实在领域全部消失。这种情况的发生不是由于主体的积极性，而是由于主体的消极性。在这里，主体按照最小的努力方向运动，被动地反映不是由它所创造的，但成了对它而言的客体。对实在的敏锐区分要求主体的积极性。美的诱惑意味着对"如何"的特殊兴趣，而不是对"什么"的兴趣，即实际上是对实在的冷漠。这是在丧失自己自身实在的情况下受自己的奴役。这是在自己被向外抛的情况下，封闭于自身之中。唯美主义者对自己的实在性根本不信任，他只相信自己被动的美的情感。甚至不能说唯美主义者靠对美的理解以及由美所引起的激情生活；他对真正的、最实在的美常常是冷漠的，并靠美的欺骗人的形象和美的幻想生活。美的诱惑和奴役不可避免地引起对真理的冷漠，而这是最可怕的结果。具有这种心理结构的人不寻找真理，他们赖以生存的那些魔力不允许认识真理。当一个人开始寻找真理时，他已经被拯救了。对真理的寻找是一种积极性，而不是被动性，是斗争，而不是麻木。美的诱惑和爱欲的诱惑有类似性，两者互相交织着。一个人陷入美的幻想的统治，这和他陷入爱欲幻想的统治是一样的。美的诱惑使人成为宇宙的奴隶，使之处于逻各斯之外。个性与逻各斯相关，而不是和宇宙相关，同意义相关，而不是同迷惑人的自然界客体性相关；个性要求的不仅仅是爱欲，而且还要求特殊的精神气质。所以，美的诱惑意味着非人格主义化。就自己的心理结构而言，唯美主义者常常是鲜明的个人主义者，但从来不是个性。个性对美的欺骗人的形象的诱惑进行抵制。美的诱惑总是指向后，而不是指向前，这就是被动性的结果，靠反映生活的结果。在对美的理解中，作为过去的结果的客体永远是幻想的因素。但应该说明的是，唯美主义者根本不是必然崇拜美；他甚至在追随时髦的时候，否定美，根本不把自己的美的激情与美联系在一起。美的诱惑与奴役总是导致文学和艺术环境里的腐化和堕落。那些更多的是消费者，而不是创造者的人们围绕着艺术制造了一个令人厌恶的假斯文气氛，这个气氛证明人的奴役和精神自由的丧失，其原因是人的心理上的复杂化和精确化，他找到一种靠被动反映而生活的可能性，并且意识到这种生活比平常人和人类大众的生活具有更大的高度和意义。在这里，可怕的自我肯定伴随着自我的丧失。

2

美的诱惑的存在并不意味着否定真正的美，如同爱欲的诱惑与奴役并不意味着否定真正的爱的存在一样。甚至应该坚定地说，美比善更能表明世界和人的存在的完善。终极目的更多的是以美为标志，而不是以善为标志。善更多的是针对道路，而不是目的。善与恶相对，并总是见证分裂和斗争。但是美与唯美主义根本没有任何共性。我甚至倾向于认为，唯美主义者的美的感觉衰退了。美比善更和谐。在善里总有不和谐，总有自然界的不完满。改变了的世界就是美。美是对世界的重负和丑陋的克服。向改变了的世界突破，向与我们的世界不同的另外一个世界突破，要通过美才能发生。这个突破发生在一切艺术创造行为里，发生在对这个创造行为的一切艺术理解之中。所以，艺术的意义在于，它是改变世界的预演，是对现实的丑陋和重负的摆脱。艺术的解放意义就在于它与我们令人厌恶的、被必然性束缚的、丑陋的生活不相像。这样的不相像就在下面那种类型的艺术里，它富有表现力地揭示生活的真理，揭示最沉重和最令人痛苦的真理。艺术中可怕的和令人痛苦的东西根本不是生活中可怕的和令人痛苦的东西。艺术中丑陋的东西根本不是生活中丑陋的东西。丑陋的东西可以成为艺术上完善的东西，并引起美的情感，而不是排斥。比如在高伊亚那里的丑陋①，在果戈理那里的丑陋都是如此。这是创造行为的秘密。创造行为把艺术和现实区分开。亚里士多德教导的悲剧的净化与此相关。② 悲剧性的痛苦具有解放和净化的意义，因为在我们的痛苦与悲剧和艺术作品里的痛苦与悲剧之间存在着具有改变作用的、创造性的艺术行为。艺术已经是对我们生活的改变，在艺术里已不再有生活上的重负、束缚、丑陋和低级的日常性，但是对我们而言有向他者的过渡，向另外一种意义上的生存的过渡，有一种理想性，它仿佛预示着新的实在。艺术不是理念世界在感性世界里的反映，如唯心主义哲学所认为的那样。艺术是创造性的改变，它还不是实在的改变，但预示着这个实

① 高伊亚（1746—1828），西班牙画家。——译者注
② 悲剧的净化是亚里士多德悲剧学说中十分重要的部分。净化（Kratharsis）概念主要是指痛苦和不快的情绪获得宣泄，转化为一种积极的激情，因此，净化是一种情感的转化，这在艺术里是个十分典型的现象。——译者注

在的改变。舞蹈、诗歌、交响乐和绘画的美将进入永恒的生活。艺术不是消极的，而是积极的，因此在这个意义上，艺术具有巫术的性质。法盖有一次说过 ①，我们为表现在悲剧中的痛苦而感到高兴，因为令我们感到高兴的是，悲剧的痛苦没有发生在我们身上。这是一句俏皮话。但是在这句话里以轻松的形式表达一个正确的思想，即悲剧中的痛苦使我们摆脱自己生活中的痛苦，把我们转移到另外一个意义上的生存。艺术能使人摆脱日常性的奴役。艺术不是轻松，不是从人身上减去所有的困难，与艺术相关的是困难，甚至是痛苦，但这个痛苦与日常生活中的痛苦完全不同。艺术能奴役人，如在美的诱惑里，在唯美主义者类型的人那里常常如此。艺术也能解放人。美可以不成为世界的俘虏，而成为对世界的克服。在真正的艺术里，在真正的美里常常如此。完整的美与人的完整本质一致。分裂、不完整的美则与人的本质的分裂和不完整相关。但是个性就是对完整性的集中，它懂得自己与完整的、具有改变作用的美的关系。

3

在关于美学的书里经常谈论这样一个问题，美是不是客观的，美是唯美主义的幻想，还是实在？我认为，问题的这个提法与错误地使用"主观的"和"客观的"这两个术语有关。对美的理解不是被动地理解某种客体化的世界秩序。客体化世界自身不懂得美。在这个世界里只有与美对立的机械化。美是向此世的突破，是对此世决定论的摆脱。对自然界中美的理解不是被动的反映，而是要求人的创造行为。和真理一样，美在主观性里，而不在客观性里。在客观性自身里没有任何美，没有任何真理和价值。如果用传统美学的

---

① 法盖（1847—1916），法国文学批评家和文学史家。——译者注

术语来表达的话，那么这根本不能意味美在幻想的意义上是主观的。主观性恰恰意味着实在性，而客观性意味着幻想性。从深刻的观点看，一切客体化的、客观的东西都是幻想。客观性是异化和抽象，是决定性和无个性。但是，美不可能属于决定的世界；美是对决定的摆脱，是自由的呼吸。客观的美就是美学的幻想。不能在幼稚的现实主义意义上理解美和正在接受美并体验美的主体之间的关系。美不是从客观世界走向人的。美是客体化世界里的突破，是对世界的改变，是对丑的克服，是对世界必然性重负的胜利。在这里，人是积极的，而不是消极的。宇宙之美与人的创造行为相关。在客体化的自然界和人之间是人的创造行为。伟大的创造者—艺术家们创造了史诗、戏剧、小说、交响乐、绘画和雕像，他们总是积极的，并战胜物质的重负和阻力。美的消极性的诱惑与奴役并不是来自创造者，而是来自消费者。美是突破，美是靠精神斗争获得的，但这个突破不是向永恒的、静止的理念世界的突破，而是向改变了的世界的突破，这个世界要靠人的创造来获得。美是向未曾有过的世界的突破，不是向"存在"的突破，而是向自由的突破。世界上发生的是混乱和宇宙秩序之间的斗争，世界并非是作为美丽与和谐的宇宙给定的。作为宇宙过程顶峰的人的面孔之美不是静止的给定性，这个美可以改变，它也是积极的斗争。美要求混乱的存在和对混乱的克服。但是，没有后面的混乱背景就不能有宇宙秩序之美。没有这个混乱就没有悲剧，没有人的创造的顶峰，没有堂·吉诃德，没有莎士比亚的戏剧，没有浮士德，没有陀思妥耶夫斯基的小说。人对混乱的胜利是双重的：美的胜利和机械的胜利，在自由中的胜利和在必然性中的胜利。只有前一种胜利才与美相关。美不仅是直观，美总是预示着创造，预示着在反抗世界奴役的斗争中创造性的胜利。

美表明人的共同参与，人和上帝的共同作用。艺术中的客体化问题十分复杂，这个复杂性部分的是由术语的混乱造成的。客体化同美的诱惑与奴役的关系如何？古典主义和浪漫主义的问题就与此相关。存在着古典主义的奴役，也存在着浪漫主义的奴役。

4

古典主义和浪漫主义不但针对艺术和美感，而且还针对整个心理类型和世界观。在艺术里，古典主义和浪漫主义的区别是相对的和有条件的。在古典艺术里有浪漫主义的成分，而在浪漫主义艺术里也有古典主义的成分。伟大的艺术作品实际上既不能归为古典主义，也不能归为浪漫主义。莎士比亚、歌德或托尔斯泰既不能被认为是古典主义者，也不能被认为是浪漫主义者。我现在感兴趣的是"古典主义"和"浪漫主义"的哲学问题，这个问题与主体和客体、主观和客观的关系相关。古典主义艺术认为自己是客观的，并达到了客观的完善；浪漫主义艺术则被认为是主观的，没有获得客观完善。在这里，客观性一词几乎是在与完善等同的意义上使用的。但是，"古典主义的"和"浪漫主义的"都可能成为诱惑。制造艺术作品的创造行为可能追求完全的客体化，摆脱创造主体。人们以为可以在有限中获得完善，创造的成果可以成为完善的。创造成果和创造主体都服从客观的等级秩序。这个古典主义的诱惑是人的奴役形式之一。在这里，精神与自己异化，主观的东西转移到客观的秩序上来，无限的东西包含在有限里。浪漫主义起来反抗的就是古典主义的这个诱惑。浪漫主义意味着主观和客观之间的断裂，意味着主体不想成为客体的部分，主观世界的无限性获得展开。在客体化和有限的世界里是不能达到完善的。创造的成果所表明的总是比成果自身更多，因为在创造的成果里有向永恒性的突破。在自己的探索

221

里，浪漫主义是为主体解放，为使人摆脱客体化世界有限形式的束缚以及摆脱唯理智主义统治而进行的斗争，这个唯理智主义把人束缚在客观存在的虚假观念之上，束缚在一般之中。但浪漫主义自己可能成为诱惑和奴役。解放主体，以及为主体的创造性生活自身的价值而进行斗争，这是浪漫主义的真理。然而，主观性可能成为人在自身里的封闭性，成为与现实的交往的丧失，成为对人为的情感的激发，成为个体受自己的奴役。无限的主观性可能成为对生存意义上的实在的揭示，也可能成为幻想，并陷入谎言之中。浪漫主义者很容易陷入美的幻想。这是浪漫主义的反面。出路与其说在标志着反动的古典主义那里，不如说是在现实主义那里，因为现实主义面向真实，面向生活的真理。《圣经》不是古典主义的，也不是浪漫主义的，而是宗教意义上的现实主义的。正如已经揭示的那样，现实主义并不等于客观性。《圣经》之所以是启示的著作，是因为其中没有客体化，没有人与自己的异化。任何启示都绝对地位于客体化过程之外。客体化是启示的关闭。所以，虚假的古典主义是对实在的关闭。对实在的认识无法在有限中获得完善。整个俄罗斯19世纪文学都处在古典主义和浪漫主义之外，它是深刻意义上的现实主义的，它所见证的是作为主体的人的精神斗争，是转移到客体化上来的创造悲剧，它所寻找的是最高的创造生命，这就是它的人性和它的伟大之处。就自己的原则而言，彻底的古典主义在所有领域都是无人性的，它所向往的是在艺术里，在哲学里，在国家和社会里的非人性的王国。古希腊的悲剧是所有人类创造中最完善的，但它不是古典主义。古典主义的反动通常都意味着技术对创造的优势，意味着压制人的创造主观性，压制向无限的突破。人类的创造服从一种节奏，它改变着创造的指向性：古典主义被浪漫主义取代，浪漫主义被现实主义取代，现实主义被古典主义的反动取代，古典主义的反动又引起了主观性的反抗，等等。人很难包容完满。他以转折和否定的反动为生。所获得的和谐只是相对的和暂时的，和谐将被新的不和谐与斗争所取代。人经常遭受诱惑，陷入奴役。他也有能力为解放而进行英勇的斗争。人在客体化中丧失自己，他也在空洞的主观性中丧失自己，即从虚假的古典主义过渡到虚假的浪漫主义。他在寻找美，真正的美，但却遭受虚假的、幻想的美的诱惑。他从虚假的客观理智过渡到虚假的主观情感。人发明了强有力的技术，它可能成为改变生活的工具，但也奴役人，让他生活的一切方面都服从自己。艺术受技术奴役，受完善的工业技术的奴役。美濒临死亡，并从客体化世界里消失。艺术在瓦解，并被某种与艺术不相像的东西取代。这就是人的命运的悲剧。然而，永恒的创造精神起来反抗世界和人的这个状态。客观性引起主观性的反抗，主观性在自己的精确化中转变成为新的客观性。只有精神才具有解放的作用，精神位于主观性和客观性的对立之外。于是，个性问题变得尖锐化了。人应该实现个性。个性是精神，是自由的精神，也是人与上帝的联系。人与上帝的联系位于客体化之外，也位于对自己的封闭圈子的虚假迷恋之外，通过人与上帝的联系可以展示无限和永恒以及真正的美。

第四章

第一节　人的精神解放

战胜恐惧和死亡

一

人处在受奴役的状态，他常常不能发现自己的奴役地位，有时还喜欢奴役。但是，人也渴望解放。认为中等人喜欢自由，这是错误的。认为自由是轻松的东西，这更是错误的。自由是个艰巨的任务。处在受奴役的状态会更轻松些。对自由的爱，对解放的渴望，已经是人的某种高度的标志，并表明这个人内在地已经不再是奴隶。在人身上有精神原则，它不依赖于世界，也不由世界所决定。人的解放不是自然、理性或社会的要求，如人们常常以为的那样，而是精神的要求。人不仅仅是精神，人的组成是复杂的，他既是动物，也是物质世界的现象，但人也是精神。精神是自由，自由是精神的胜利。以为人的奴役永远来自人的动物—物质方面，这是错误的。

在人的精神自身方面可能会有严重的病变，可能会有分裂，可能会有精神的外化和自我异化，可能会有自由的丧失，可能会有精神的奴役。人的自由与奴役问题的全部复杂性就在这里。精神在外化、向外抛，并可能会作为必然性作用于人。但精神也返回自身，向自己的内部返回，即返回到自由那里。黑格尔理解了精神的这个过程的一个方面，但他没有理解全部，也许没有理解最重要的东西。自由人应该感觉自己不是处在客体化世界的周边，而是在精神世界的中心。解放就是永驻在中心，而不是在周边，处在实在的主观性之中，而不是处在观念的客观性之中。精神生活的所有教导都在呼吁人进行精神上的集中，但精神集中的结果可能是双重的。一方面，精神集中可以提供精神力量和相对于折磨人的多样性的独立性，但另一方面，它也可能使意识收缩，并导致对一个观念的偏执。这时，精神的解放又变成了新形式的诱惑与奴役。走精神之路的人们都知道这一点。简单的逃避实在或否定实在永远也不能获得解放。精神解放是一场斗争。精神不是抽象的观念，不是共相。不仅仅是每个人，而且每只狗、猫和昆虫都是比抽象的观念，比一般、共相更具生存价值。精神解放伴随着向具体性的过渡，而不是向抽象性的过渡。福音书见证了这一点。这就是福音书的人格主义。精神解放是对异己性统治的克服。爱的意义就在这里。但是人很容易成为奴隶，而且还发现不了这一点。他可以获得解放，因为在他身上有精神原则，有能力不从外部被决定。但是人的本质是如此复杂，人的生存是如此混乱，他可能从一种奴役里出来后又陷入另外一种奴役之中，陷入抽象的精神性之中，陷入一般观念的决定论统治之中。精神是统一的、完整的，并存在于自己的每一个行为里。但人不是精神，他只是拥有精神，因此在人的精神行为自身里才可能有精神的分裂、抽象和退化。只有通过人的精神和上帝的精神的联系才可能获得彻底的精神解放。精神解放总是向比人身上精神原则更深刻的地方转向，也即转向上帝。但是向上帝的转向也可能被疾病损害，并变成偶像崇拜。所以，必须要进行经常性的净化。上帝只能作用于自由，在自由之中并通过自由起作用。上帝不作用于必然，不在必然里，也不通过必然而起作用。上帝不在自然界的规律以及国家的法律之中起作用。因此，必须重新考察天意的学说和恩赐的学说，传统的学说是不能接受的。

人的精神解放就是在人身上实现个性，就是获得完整性。与此同时这也是不懈的斗争。实现个性的基本问题不是克服受物质的决定问题。这只是问题的一个方面。基本问题是对奴役的彻底胜利问题。世界不好，不是因为在世界里有物质，而是因为世界是不自由的，是被奴役的。物质的重负来源于精神的错误指向。主要的对立不是精神与物质的对立，而是自由与奴役的对立。精神上的胜利不仅仅是人对物质的简单依赖性的胜利。更艰难的是战胜欺骗人的幻想，它们使人陷入奴役，这个奴役很少被意识到。人的生存中的恶不仅仅是以公开的形式出现，而且还以善的欺骗形式出现。人所敬拜的偶像具有善的形式。敌基督可能用与基督形象的欺骗人的类似性来诱惑人。在基督教内部，事情就是这样发生的。许多普遍一一般的、抽象的观念都是高尚形式下的恶。我的全书始终都在谈论这一点。只说应该摆脱罪，这是不够的。罪不但以简单的形式出现并诱惑人，还可能有对罪的观念的偏执，可能有反对罪的虚假斗争的诱惑，认为生活中到处都能看见罪。奴役人的不仅仅是实在的罪，而且还有对罪的观念的偏执，那时，罪的观念将吞噬整个生活。这是对精神生活的奴性的歪曲之一。能够被人作为从外部来的暴力而感觉到的和令人痛恨的奴役,与诱惑人的,但是人却喜欢的那种奴役相比,并不那么可怕。一切转变成绝对的相对,一切转变成无限的有限,一切转变成神圣的庸俗,一切转变成神性的人性,都有魔鬼的特征。对国家的态度,对文明的态度,甚至对教会的态度,都能成为魔鬼式的。有生存意义上的,作为共通性的教会,也有作为客体化,作为社会建制的教会。当作为客体化,作为社会建制的教会被认为是神圣的和永无谬误的,那么就开始了偶像制造和人的奴役。这是对宗教生活的歪曲,是宗教生活内部的魔鬼因素。人的生活被虚构的、夸大的、狂热的欲望残害,被宗教的、民族的、社会的和贬低人的恐惧残害。在这个基础上将产生人的奴役。人拥有把对上帝的爱和对最高观念的爱转变为最可怕的奴役的能力。

二

精神对奴役的胜利首先是克服恐惧,克服生的恐惧和死的恐惧。克尔凯郭尔认为恐惧—敬畏是基本的宗教现象,是内在生活的重要性的标志。《圣经》上说,对上帝的恐惧是智慧的开始。同时,恐惧就是奴役。如何来协调这个矛盾呢?在这个世界上,人体验着生的恐惧和死的恐惧。这个恐惧在日常性的王国里被弱化。日常组织追求制造安全氛围,当然,它不可能完全克服生和死的威胁。在陷入日常性的王国后,在受其利益的钳制后,人便离开深度,离开与深度相关的不安。海德格尔正确地说,常人(das Man)使生命的悲剧减弱。然而,一切都是矛盾的和双重性的。日常性使得与生和死的深度相关的恐惧减弱,但是它也制造自己另外的恐惧,人一直是在这些恐惧的统治下生活。这些恐惧与此世的事业相关。实质上,恐惧决定着大部分政治流派,恐惧也决定着社会化形式的宗教。被海德格尔认为是属于存在结构的烦（забота）必然转变成恐惧，转变成日常性的恐惧，应该把这种恐惧与超验的恐惧区分开来。有向下指向的恐惧，也有向上指向的恐惧。死的恐惧和生的恐惧被向下、向日常性的运动减弱，这个恐惧将被向上、向超验的运动克服。与轻率地沉浸在日常性之中相比，恐惧可能是更高的状态。然而，恐惧，一切恐惧毕竟都是人的奴役。完善的爱将驱赶恐惧。无畏是最高的状态。奴性的恐惧影响对真理的揭示。恐惧产生谎言。人企图用谎言摆脱危险，但他却在谎言之上建立日常性的王国，而不是在真理之上。客体化世界整个地被谎言渗透。真理向无畏展现。认识真理要求战胜恐惧，要求无畏的美德，要求不怕危险。被体验过和被克服的巨大恐惧可能成为认识的根源。但是，对真理的认识不是由恐惧提供的，而是由对恐惧的胜利提供的。死的恐惧是极端的恐惧。它可能成为低级的、日常性的恐惧，也可能成为高级的、超验的恐惧。但是，死的恐惧意味着人的奴役，这是任何人都熟悉的奴役。人向死卑躬屈膝。克服死的恐惧是对一般意义上的恐惧的最伟大胜利。然而，人在对待死亡恐惧的态度上存在着惊人的矛盾。这就是人不但害怕自己的死，而且也害怕其他人的死；同时，人十分轻松地决定去杀人，他似乎最不害怕由他实现的杀人所带来的死亡。这是犯罪问题，犯罪如果不是现实的杀人，那么也总是潜在的杀人。犯罪与杀人相关，杀人与死亡相关。杀人行为不仅仅是匪徒干的事情。杀人行为也有组织地进行，在巨大的规模上，由国家实施，由拥有权力或者刚刚夺取权力的人实施。在所有这些杀人行为里，死亡恐惧都被弱化了，甚至几乎是缺乏的，尽管死亡恐惧在这里应该是双倍的：应该是对一般意义上的死亡的恐惧，以及对作为杀人行为结果的死亡的恐惧。死刑不再被认为是杀人，在战争中的死亦然，不仅如此：在战争中的死不再被理解为能够引起恐惧的死。这就是人的生存的客体化的后果。在客体化世界里，一切价值都是歪曲的。人不是成为复活者，成为对死亡的战胜者，而是凶手，是死的播种者。他在杀人，目的是建立这样一种生活，其中的恐惧会减少。人出于恐惧而杀人；一切形式的杀人的基础都是恐惧和奴役，无论是个别的杀人行为，还是国家的杀人行为。恐惧和奴役总是带来灾难性的后果。假如人得以战胜奴性的恐惧，那么他就不会去杀人。人出于死的恐惧而播种死亡，出于奴役的感受才想统治。统治总是被迫去杀人。国家总是体验恐惧，因此才被迫去杀人。国家不愿意同死亡斗争。掌权的人很像匪徒。

我不知道在对待死亡的态度上还有比费奥多罗夫的意识更高的道德意识。费奥多罗夫为一切存在物的死亡感到悲伤，他要求人成为复活者。如果对死亡的悲伤是积极的，那么它就不是对死的恐惧。复活者将战胜死的恐惧。人格主义提出死亡和永生问题并不完全与费奥多罗夫一样。费奥多罗夫正确地认为，反对死亡的斗争不仅是个人的事业，这是"共同的事业"。不但我的死亡，而且任何一个人的死亡都向我提出任务。个性的实现不但是战胜死亡的恐惧，而且是战胜死亡自身。在有限里不能实现个性，个性的实现要求无限，不是量上的无限，而是质上的无限，即永恒。个体在死亡，因为它在类的过程中诞生，但个性不会死亡，因为它不是在类的过程中产生的。战胜死亡的恐惧是精神个性对生物个体的胜利。但这不意味着永生的精神原则与有死的人的原则分离，而是对整个人的改变。这不是在自然主义意义上的进化和发展。发展是缺损、不能获得完满的结果，发展服从时间的统治，是时间中的生成，而不是战胜时间的创造。不足、缺损、不满、对更多东西的渴望都具有双重性，既是人的低级状态，也是人的高级状态。富有可能是虚假的完满，对奴役的虚假摆脱。从缺损向完满的过渡，从贫穷向富有的过渡，可能是一种进化，而且在外表上就表现为一种进化。但是在这个表面背后隐藏着更深刻的过程，这是创造的过程，是突破决定的自由过程。对死亡的胜利不可能是进化，不可能是必然性的结果；对死亡的胜利是创造，是人和上帝的共同创造，是自由的结果。紧张和剧烈的生活将导致死亡，并与死亡相关。在自然界的循环里，生和死是不可分割的。"让那年轻的生命在墓地前嬉戏吧。"① 生命欲望的紧张自身导致死亡，因为它包含在有限之中，不能走向无限—永恒。永恒生命的获得不是通过扼杀和消灭生命欲望的紧张，而是依靠对紧张生命的精神上的改变，通过精神的创造积极性对紧张生命的控制。对永生的否定是一种疲劳的表现，是放弃积极性。

三

创造是对奴役的摆脱。当人处在创造高潮状态时，他是自由的。创造使人进入瞬间的神魂颠倒状态。创造的成果处在时间之中，创造行为自身则在时间之外。一切英雄主义的行为同样都超出时间。英雄主义行为可能不服从任何目的，而是成为瞬间的神魂颠倒。但纯粹的英雄主义可能成为诱惑、骄傲和自我肯定。尼采就这样理解纯粹的英雄主义。马尔罗也是这样理解它。人可以体验各种不同形式的具有解放作用的神魂颠倒。可能有斗争的神魂颠倒，可能有爱欲的神魂颠倒，甚至可能有愤怒的神魂颠倒，人在其中感觉自己有能力毁灭世界。有自己承担牺牲服务的神魂颠倒，十字架的神魂颠倒。这是基督教的神魂颠倒。神魂颠倒总是走出束缚和奴役的状态，

① 普希金抒情诗《每当我在喧闹的大街上漫步》（1829 年）最后一段的首句。——译者注

进入自由的瞬间。但是，神魂颠倒也能提供虚幻的解放，这是更强烈的对人的再次奴役。有这样的神魂颠倒，它们消除个性的界限，使个性陷入无个性的宇宙自发力量之中。精神上的神魂颠倒的特征是，个性在这里不被破坏，而是被巩固。个性应该在神魂颠倒中走出自己，但是，走出自己后，仍然要成为自己。封闭在自身之中，以及溶解在世界的无个性的自然性之中，是同样的奴役。这是个人主义的诱惑和与之相对立的宇宙和社会集体主义的诱惑。在人的精神解放里有对自由的指向，对真理和爱的指向。自由不可能是无对象的和空洞的。你们必晓得真理，真理必叫你们得以自由。① 但是，晓得真理要求以自由为前提。对真理的不自由的认识不但没有价值，而且也是不可能的。而自由也要求以真理、意义和上帝的存在为前提。真理和意义解放人。解放能让人认识真理和意义。自由应该是充满爱的，爱则应该是自由的。只有自由和爱的结合才能实现个性，实现自由的和创造的个性。片面肯定一个原则总会带来歪曲，并伤害人的个性；其中的每个原则自身都可能成为诱惑与奴役的根源。错误指向的自由可能成为奴役的根源。在精神的客体化里最高尚的东西被吸引向下，并虚伪地应付着；在精神的创造性的化身里，最低级的东西，世界里的物质可以上升，并发生对世界给定性的改变。

在理解此世（在这里人感觉自己是受奴役的）和另外一个世界（在这里，他等待解放）之间的关系时，人的意识常常陷入各种不同的幻想之中。人是两个世界的交叉点。这些幻想之一就是把两个世界的区别理解为实体之间的区别。实际上，这是生存方式的区别。人应该从奴役过渡到自由，从分裂过渡到完整性，从无个性过渡到

---

① 参见《约翰福音》(8：32)。——译者注

个性，从消极性过渡到创造，即过渡到精神性。此世是客体化、决定论、异化和敌视、法律的世界。"另外"一个世界是精神、自由、爱、亲缘性的世界。意识的另外一个幻想是，两个世界的关系被理解为绝对的客体化的超验性。在这种情况下，从一个世界向另一个世界的过渡需要消极地等待，人的积极性在这里不发挥作用。实际上，另外一个世界，精神的世界，上帝的国不但需要等待，而且还要靠人的创造去建立，这是对遭受客体化病变的此世的创造性改变。这是精神上的革命。"另外"一个世界不可能仅仅靠人的力量来建立，但是也不可能没有人的创造积极性的参与而被建立。这就使我们必须研究末世论问题，历史的终结问题，也就是使人摆脱历史的奴役问题。

第二节　历史的诱惑与奴役

对历史终结的两种理解

积极创造的末世论

一

人的最大诱惑和奴役与历史相关。历史的沉重性以及在历史中发生的过程表面上的伟大非常令人敬仰，人被历史所压迫，并同意成为历史建树的工具，为理性的狡计服务（黑格尔的 List der Vernunft）。关于个性与历史的悲剧性冲突，以及这个冲突在历史范围内的不可解决性，前文已经说过了。现在应该把这个问题放在末世论的背景下。所谓的历史个性（исторические личности）积极地进入历史，但是历史实际上看不见个性，看不见个性的个体之不可重复性、唯一性和不可替代性；当历史面对个体时，它所感兴趣的也是"一般"。历史成了中等人和大众的历史，但中等人对历史而言只是抽象的单位，而不是具体的存在物。对中等的人类而言，每个中等人都变成了手段。历史追求的目的似乎不是人性的，尽管在历史里发挥作用的是人；历史的标志是一般、普遍对个别和个体的统治。人被迫接受历史的重负，人不能走出历史，把历史从自己身上卸下，人的命运就在历史里实现。人类历史不是自然界历史的一部分，自然界的历史却是人类历史的一部分。世界生命的意义不在自然界里展现，而是在历史里展现。自由与必然，主体与客体的激烈冲突在历史中发生。自由自身在历史里变成了注定的命运。基督教是深刻地历史的，它是上帝在历史中的启示。上帝进入历史，并把意义赋予历史运动。元历史向历史突破，历史上一切重要的东西都与元历史的这个突破相关。但是，元历史与历史相关，并在历史里表现自己。历史是人与上帝的相遇，是人与上帝对话式的斗争。同时，大部分历史都是虚无和微不足道的，是虚幻的伟大，其中只是偶尔凸显出真正的生存。精神向历史领域突破，并在其中起作用，但在自己的历史客体化里，精神与自己异化，因此开始枯竭，并向某种与自己不相像的东西过渡。对人类意识而言，历史是矛盾的，并引起对待自己的双重性态度。人不但接受历史的重负，不但与历史进行斗争，并实现自己的命运，而且他还有把历史神化的趋势，把在历史中发生的过程神圣化的趋势。历史主义的诱惑与奴役就从这里开始。人愿意敬拜历史的必然性，历史的注定命运，并认为这就是神的作用。历史必然性成了评价的标准，对这个必然性的认识被认为是唯一的自由。历史的诱惑是客体化的诱惑。黑格尔仿佛是历史精神、历史天才的哲学化身。对他而言，历史是精神向自由的胜利前进。尽管自由的范畴在黑格尔那里发挥巨大的作用，他甚至

233

把精神定义为自由，但他的哲学却是彻底的和极端的逻辑决定论（逻辑决定论并不比自然主义决定论更少奴役人）。黑格尔企图使人产生这样的意识，即受历史的奴役就是自由。黑格尔的历史崇拜的影响是巨大的，在很大程度上它决定了马克思主义。马克思主义也为历史必然性所诱惑。黑格尔不但使人服从历史，而且也使上帝服从历史。在他这里，上帝是历史的产物，存在着一种神的生成。这同时意味着应该向历史上的胜利者致敬，承认所有获得胜利的人的正义性。作为一种哲学世界观的历史主义将导致与绝对价值的冲突，它必然肯定相对主义，善的相对主义和真理的相对主义。历史理性的狡计统治着所有的价值。这也毒害了马克思主义的道德。人及其所珍视的一切价值都变成历史的质料，历史必然性的质料。历史必然性同时就是历史的逻各斯。人注定要生活在历史的整体之中，并在这里汲取自己生存的意义，这个意义将超越日常性，尽管人的生存被历史整体所压迫。但是，最高的真理是：整体在人身上。历史中的理性的狡计常常是最大的谎言，是在历史中对真理的践踏。在历史中有犯罪，犯罪是历史上"伟大"事件的基础。这个犯罪折磨着人，它表明，历史的终结应该到来，一切真理只有经过这个终结才能实现。在历史中有无意义的东西，它指向位于历史界限之外的意义。这个无意义的东西常常被称为历史的理性。起来反抗历史的普遍精神的人，在我们这里有别林斯基，他只是在自己道路上的一个瞬间里如此，还有陀思妥耶夫斯基。克尔凯郭尔也反抗历史的普遍精神，而且任何一个人格主义的追随者都应该反抗历史的普遍精神。基督教自身也曾被历史的普遍精神所奴役，它迎合了历史必然性。这种迎合被当作神圣的真理。所以，基督教的末世论被弱化和钝化了。基督教末世论成为"不妥当的"和"不雅致的"提示。这个提示伤害了理性，并要求理性做不可能的事情。这就尖锐地提出末世论和历史的关系问题。但是，历史的哲学问题首先是时间问题。对历史的神化就是对历史时间的神化。

二

时间问题是现代哲学的核心问题；指出柏格森和海德格尔就足够了。这个问题对存在主义类型的哲学具有特殊的意义。历史哲学在很大程度上是时间哲学。历史与时间相关。谈论时间不意味着谈论同一个东西。时间具有不同的意义，必须作出区分。有三种时间：宇宙时间、历史时间和生存时间。每个人都生活在这三种形式的时间里。宇宙时间以圆周为特征，它与地球绕太阳的运动相关，与日、月、年的计算相关，与日历和钟表相关。这是圆周运动，其中经常发生复归，比如早晨和晚上，春天和秋天的到来。这是自然界的时间，作为自然存在物，我们生活在这个时间里。希腊人主要接受宇宙时间，在他们那里占统治地位的是对宇宙的美学直观，他们几乎不理解历史时间。时间根本不是世界和人的存在被放入其中的某种永恒和僵化的形式。不但存在着时间中的改变，而且时间自身的改变也是可能的。时间的逆转是可能的，甚至时间的终结也是可能的，那时，时间不再存在。时间是生存的方式，并依赖于生存的特征。说运动和变化的发生是因为存在着时间，这是不正确的；正确地应该说，时间存在，是因为发生着运动和变化。变化的特征是时间特征的原因。宇宙时间是客体化—自然世界里发生的变化的产物之一。宇宙时间是客体化的时间，服从数学上的计算，它服从数字，服从加减法。小时和天数可以分为分和秒，也可以加起来构成月和年。宇宙时间同时是数学时间。宇宙时间的秒就是分裂的时间原子。宇宙时间是有节律的时间。同时，宇宙时间还被分为现在、过去和将来。客体化的世界是时间化的世界。这个时间化的特征也意味着时间的病变。分裂为过去、现在和将来的时间是病态的时间，伤害人的生存的时间。与时间的病变相关的是死亡。时间必然导致死亡。时间就是向死亡的疾病。在自然界和宇宙的时间里，自然和宇宙的生命建立在生和死的交替基础上，这种生命懂得周期性地像春天一样复活生命，但这个复活不是为了被死亡带走的人，而是为了其他人。在宇宙时间里不可能战胜死亡。现在是不可捉摸的，因为它被分解为过去和将来，而且现在消灭过去，为的是被将来消灭。在宇宙时间里，生命的王国服从死亡，尽管产生生命的力量是不可穷尽的。宇宙时间能带来死亡，但不是针对类，而是针对个性。宇宙时间不愿承认个性，对个性的命运也不感兴趣。但是，人是生活在几个时间维度之中的存在物，他生活在几个生存的意义上。人不仅仅是宇宙的、自然的存在物，服从做循环运动的宇宙时间的存在物。人还是历史的存在物。历史生命是和自然界不同的另外一个意义上的现实。当然，历史服从宇宙时间，它按照年和百年计算时间，但它也知道自己的历史时间。历史时间是由这样的运动和变化产生的，它们同宇宙循环中所发生的事件不同。历史时间不是以圆周为特征，而是以直线为特征，这条直线指向前方。历史时间的特点就在这个对将来的目的性上，历史时间在将来里等待意义的揭示。历史时间携带着新东西，在历史时间里，未曾存在过的将变成存在的。是的，在历史时间里也有复归和重复，可以确定类似性。但历史时间中的每个事件都是个体的独特的，每个十年和百年都带来新生活。反对历史时间的斗争自身，反对历史的诱惑与奴役的斗争自身不是发生在宇宙时间里，而是发生在历史时间里。和宇宙时间相比，历史时间和人的积极性联系更大。但是，个性按照新的方式被历史时间所伤害和奴役，它有时甚至在向宇宙意义上的生存的过渡里寻找对历史奴役的解脱。在宇宙里比在历史里更能反映神，但这里指的是人通过客体化的自然界和客体化的时间向它突破的那个宇宙。历史时间也是客体化的时间，但是在历史时间里有从人的生存的更深层次产生的突破。历史时间指向将来。这是历史时间的一个方面，是它的产生的方面。还有另外一个方面，历史时间也同过去和传统相关，传统决定时间联系。没有这个内在意义上的记忆和传统就没有历史。"历史"是由记忆和传统构造出来的。历史时间同时是保守的和革命的，但这还没有涉及生存的最深处，因为生存不属于历史时间。历史时间产生幻想：在过去里寻找最好的、真正的、美好的、完善的东西（保守主义的幻想），在将来里寻找完善的结局，意义的完成（进步的幻想）。历史时间是分裂的时间，它不知道任何现在之中的完满（过去和将来同时永远就是某种现在）。在现在里，人感觉不到时间的完满，他在过去或将来里寻找这个完满，特别是在过渡的和令人痛苦的历史时期里寻找。这是历史的诱惑人的幻想。在现在里有完满和完善，但这个现在不是时间的部分，而是时间的出口，不是时间的原子，而是永恒的原子，如克尔凯郭尔所说的那样。在这个生存瞬间的深处所体验到的东西将被保留，消失的只是以后的那些瞬间，它们包含在时间的序列里，并且代表更少深刻性的实在。宇宙时间和历史时间都是客体化的和服从数的，尽管是以不同的方式服从数。除了这两种时间外，还有一种生存的时间，这是深刻的时间。不能完全脱离宇宙时间和历史时间来思考生存时间；存在着由一种时间向另一种时间的突破。蒂利希喜爱谈论的 Kairos（希腊语，相应的时间、地点、生存处境）仿佛是永恒向时间的介入，是宇宙时间和历史时间里的中断，是时间的补充和实现。与此相关的是弥赛亚—先知主义的意识，这个意识从生存时间的深处谈论历史时间。

生存时间最好是用点来表示，而不能用圆周和直线。这恰好意味着生存时间完全不能用空间来表示。这是内在的时间，没有被外化在空间之中的时间，没有被客体化的时间。这是主观性世界的时间，而不是客观性世界的时间。生存时间不能按数学的方式计算，不能叠加，也不能分解。生存时间的无限性是质的无限性，而不是量的无限性。生存时间的瞬间不服从数，它不是客体化时间序列上的分裂的时间部分。生存时间的瞬间是向永恒的出路。说生存时间与永恒是同一的，这是不正确的。应该说，生存时间参与永恒的某些瞬间。每个人根据自己的内在经验都知道，他在自己的某些瞬间里参与永恒。生存时间的持续性与客体化时间、宇宙时间和历史时间的持续性没有任何共性。生存时间的持续性依赖于人的生存内部体验的紧张程度。在这里，从客观观点看的短短几分钟可能被体验成无限，而且是相对立的两个方向上的无限，痛苦的方向和喜悦、欣喜的方向。任何神魂颠倒的状态都使人走出客体化的数学时间的计算，走进生存的质的无限。一个瞬间可能成为永恒，而另外一个瞬间则可能成为恶无限。所谓的幸福之人忘记时间，就意味着走出数学上的时间，忘记钟表和日历。人们的大部分生活都是不幸的，所以被束缚在数学时间上。痛苦是生存意义上的现象，但它被客体化在数学时间之中，并显现为量的意义上的无限。关于永恒地狱之苦的荒谬绝伦的学说就根源于痛苦的生存体验，是生存时间和客体化的、数学上可以计算的时间混淆的结果。人把地狱之苦体验为无限的、没有终结的，这是十分强烈的痛苦的标志。但是，这个幻想的无限与永恒没有任何共同之处，它正好意味着滞留在恶的时间之中，不能走向永恒。痛苦的主观性在这里具有本体论的客观形式。生存时间里所发生的一切都按照垂直线发生，而不是按照水平线发生。在生存时间里发生的事件，按照水平线看只是点，在这个点上发生的是从深处向表面的突破。生存时间中的事件从平面上看是线，这是与从深处发生的突破相关的那些点运动的结果。这是对不应该外化的东西进行了外化，对在客体里不能被表达的东西进行了客体化。一切创造行为都在生存时间里发生，只是投影在历史时间里。创造的高潮和神魂颠倒位于客体化的和数学的时间之外。创造高潮和神魂颠倒不是发生在平面的维度，不是按照横向发生的，而是按照纵向发生的。但是，创造行为的结果却被外化在历史的时间流之中。生存时间在历史时间里发生突破，而历史时间反过来作用于生存时间。历史上一切重大和伟大的事件，一切真正新的东西，都是生存层面和创造的主观性中的突破。历史上任何著名人物的出现都是如此。因此，在历史上有与这个突破相关的中断，而不存在连续不断的过程。在历史里有元历史，元历史不是历史进化的产物。在历史里也有奇迹。从历史进化和历史规律性出发无法解释奇迹；奇迹是生存时间中的事件向历史时间里的突破，历史时间不能完全容纳这些事件。上帝在历史中的启示就是生存时间中的事件（向历史中）的介入。基督生活中所有充满意义的事件都是在生存时间中发生的，这些事件在历史时间里只是通过沉重的客体化环境才显露出来。元历史的事件永远也不能容纳在历史之中，历史总是歪曲元历史，使之与自己相适应。元历史对历史的彻底胜利，生存时间对历史时间的彻底胜利将意味着历史的终结。在宗教的意义上，这将意味着基督的第一次来临和第二次来临重合。在基督第一次和第二次元历史的来临之间是紧张的历史时间，在这里，人经历所有的诱惑与奴役。这个历史时间自身不可能结束，它追求无限。这个无限永远也不能变成永恒。从历史时间里有两个出路，它们朝向两个相反的方向：宇宙时间的方向和生存时间的方向。历史时间向宇宙时间的陷入是自然主义的出路，它可能带有神秘主义色彩。历史向自然界复归，进入宇宙的循环之中。另外一条路是历史时间向生存时间的陷入。这是末世论的出路。在这里，历史过渡到精神自由的王国。历史哲学最终永远或者是自然主义的（尽管也用精神范畴），或者是末世论的。历史时间以及在其中发生的一切都是有意义的，但是这个意义在历史时间自身之外，在末世论的前景里。历史是精神的失败，在历史里不能形成上帝的国。但这个失败自身是有意义的。对人的巨大考验和人所体验到的诱惑经历都是有意义的。没有这些考验，人的自由就不能被彻底地体验。然而，乐观主义的进步理论是没有根据的，它和人格主义处在深刻的冲突之中。进步完全处在携带着死亡的时间统治之下。哲学从来没有严肃地提出历史和世界的终结问题，甚至神学也没有足够严肃地关注这个问题。这是关于时间是否可以被战胜的问题。只有在下面的情况下，时间才是可以被战胜的，如果它不是客观形式，而只是与自己异化的生存的产物。这样，从深处发生的突破能够结束时间，克服客体化。但是，这个从深处发生的突破不可能仅仅是人的事业，它也是上帝的事业，是人和上帝的共同事业，是神人的事业。在这里，我们遇到一个最困难的问题：上帝的天意在世界里和对世界的作用问题。这里的全部秘密在于，上帝不在客体化的自然界决定论秩序上起作用，而是在自由中，只通过人的自由而起作用。

三

　　启示与时间的悖论相关，对启示的解释的巨大困难就在这里。而且说实话，解释启示的象征在很大程度上是无聊的事。我根本不想解释启示，我只想提出历史终结的哲学问题。时间的悖论在于，人们在时间中思考历史的终结，与此同时，历史的终结是时间的终结，即历史时间的终结。历史的终结是生存时间上的事件。但这个事件又不能在历史之外思考。历史的终结发生在生存时间里，既在"彼岸"，也在"此岸"发生。历史的终结不能被客体化，对它的理解和解释的困难就在这里。在生存时间里发生的一切重大事件，在历史时间里都表现为悖论。对启示有两个理解：消极的和积极的。在基督教意识的历史上占主导地位的一直是消极理解。在这里，人们消极地预感和等待世界的终结，这个终结完全由上帝决定，只是上帝对世界的审判。或者，世界的终结是由人积极—创造性地准备的，也依赖于人的积极性，即世界的终结将是神人的事业。消极地等待终结伴随着恐惧感。积极地准备终结则是一种斗争，可能伴随着胜利的感觉。启示的意识可能是保守的和反动的，而且常常是如此，但也可能是革命的和创造性的，而且也应该如此。对即将来临的世界终结的启示预感遭到可怕的滥用。任何一个正在结束的历史时代，任何一个正在终结的社会阶级，都很容易把自己的死亡与世界终结的到来联系在一起。法国大革命和拿破仑战争都伴随着这种启示的情绪。俄罗斯帝国的终结也伴随着启示情绪，许多人都预感到了这个终结。索洛维约夫、列昂季耶夫所代表的是消极的启示意识类型。费奥多罗夫代表的是积极的启示意识类型。费奥多罗夫对启示录的积极解释是天才而勇敢的，尽管他的哲学并不能令人满意。

面对所谓历史圣物的灭亡，保守的启示意识体验到恐惧。革命—启示意识积极—创造地面向人的个性的实现，面向与个性原则相关的社会。对历史终结的积极态度要求意识结构的比较长时期的改变，要求仍然发生在历史时间里的精神革命和社会革命，这种革命不可能仅仅依靠人的力量来实现，但也不能没有人的力量参与，靠消极等待来实现。改变世界的精神的释放也是人身上精神的积极性。费奥多罗夫呼唤人的积极性，这个积极性是在基督教意识里向前迈进的巨大一步。但是在费奥多罗夫那里，意识的结构没有改变，他也没有提出主体与客体化的关系问题。准备着终结的精神革命在很大程度上将是对意识幻想的胜利。积极的末世论是对人的创造所做的证明。按照积极的末世论，人将摆脱奴役他的客体化统治。这样，历史终结问题将以新的形式出现。历史的终结是生存时间对历史时间的胜利，是创造的主观性对客体化的胜利，是个性对普遍——一般的胜利，是生存的社会对客体化社会的胜利。

四

客体化总是使人服从有限，受有限的奴役，同时使他陷入量的、数学无限性的前景之中。历史终结是摆脱有限的统治，是对质的无限前景，即对永恒的揭示。积极的末世论指向的是反对客体化，反对实现与客体化的虚假同一。基督教在实质上是末世论的，革命—末世论的，而不是苦修主义的。对基督教末世论特征的否定总是对客体化世界条件的迎合，是向历史时间的让步。客体化产生一系列意识的幻想，它们有时是保守和反动的，有时是革命—乌托邦式的。比如，我们在关于进步的宗教里所看到的世界和谐在将来的投影就是意识的幻想。这是在历史时间片段里（在将来）思考只能在生存

时间（时间的结束，历史时间的结束）里思考的东西。由此就有了
伊万·卡拉马佐夫的天才辩证法。这个辩证法被别林斯基预先猜测
到了，就是关于把世界和谐的入场券退还给上帝的辩证法。这是对
客体化的反抗。把教会与上帝的国等同，把教会的历史观念与上帝
国的末世论观念等同，这种等同来源于圣奥古斯丁，这也是客体化
意识幻想的产物之一。其结果不但是对历史的客体化（作为社会建
制的教会，神权政治国家，日常生活的僵化形式）的神圣化，而且
是真正的神化。真正的千禧年主义（即希望上帝国的来临不但在天
上，而且是在人间）被抛弃，获得胜利的仿佛是一种虚假的千禧年
主义，它对完全属于历史时间的过分人间和过分人性的东西进行神
圣化。但是，在生存时间中的积极—创造事件将拥有自己的后果，
不但在天上，而且也在人间；这些事件将扭转历史。所谓的"客体
世界"建立在意识的幻想基础上，意识的这些幻想是能够被克服的。
人的创造改变着意识的结构，它不仅能够成为对此世的巩固，不但
能够成为文化，而且也能够成为对世界的解放，成为历史的终结，
即上帝国的建立，不是象征性的，而是实在的上帝国。上帝国不但
意味着罪的救赎和向原初纯洁的复归，而且还意味着创造新的世界。
人的任何真正的创造行为，任何真正的解放行为都将进入这个新的
世界里。这不但是另外一个世界，这也是改变了的此世。这是使自
然界摆脱奴役，也是对动物世界的解放，人应该对动物世界负责。
解放现在就开始，在当下瞬间里开始。精神性的获得，对真理和解
放的意志，已经是另外一个世界的开端。这时，不再有创造行为和
创造成果之间的异化，创造成果似乎就在创造的行为之中，它不被
外化，创造自身就是实现。个性起来反抗普遍的、客体的东西对它
的奴役，反对客体化所制造的虚假圣物，反抗自然界的必然性，反

抗社会的暴政，但是个性也为所有人的命运、为整个自然界、为所有活着的存在物、为所有遭受痛苦和侮辱的人、为整个民族和所有民族的命运而承担责任。个性把整个世界的历史作为自己的历史来体验。人应该反抗历史的奴役，但不是为了封闭于自身，而是为了把整个历史容纳于自己无限的主观性之中，在这里，世界是人的一部分。

人格主义的一贯要求，经过彻底思考的要求，就是对世界和历史的终结的要求，这不是在恐惧和恐怖中对终结的消极等待，而是对终结的积极的和创造性的准备。这是对意识指向的彻底改变，是摆脱意识的幻想，这些幻想已经具有了客观实在的形式。对客体化的胜利就是现实主义对幻想主义的胜利，对把自己冒充为现实主义的象征主义的胜利。这也是摆脱把人控制在奴役状态里的永恒地狱之苦的可怕幻想，是克服地狱观念的错误的客体化，是克服地狱和天堂的错误的二元论，这个二元论完全属于客体化时间。人的道路经历痛苦、十字架和死亡，但是它引向复活。只有全部有生命的和曾经活过的存在物的普遍复活才能容忍世界过程。复活意味着对时间的胜利，意味着不但对将来的改变，而且是对过去的改变。在宇宙时间和历史时间里，这是不可能的，但在生存时间里却是可能的。**救赎者**和**复活者**出现的意义就在这里。不能与腐朽和死亡妥协，不能与自己的彻底消失妥协，不能与一切存在物（在过去、在现在、在将来）的彻底消失妥协，这给人带来巨大的荣誉。一切不是永恒的东西都是不能忍受的；生命中一切有价值的东西，如果它不是永恒的，那么就将丧失自己的价值。但是，在宇宙时间和历史时间里，在自然界和历史里，一切都将过去，一切都将消失。所以，这样的时间应该结束。时间将不再存在。人受时间、必然性、死亡、意识幻想的奴役将消失。一切都将进入主观性和精神性的真正实在之中，进入神的生命，或准确地说，进入神人类的生命。但是前面是艰苦的斗争，它要求牺牲和痛苦。没有别的道路。上帝国不能只靠直观来达到。普鲁斯特痛苦地体验了消逝的时间问题，他想通过创造性艺术的记忆，通过消极的美学直观来使时间逆转，复活过去。这是个幻想，尽管这个幻想与一个深刻主题相关。费奥多罗夫企图通过积极复活的"共同事业"来战胜死亡，逆转时间，改变过去。这是个伟大的基督教观念，但是它没有充分地与个性和自由问题关联起来，没有与意识对客体化的克服问题关联起来。人的奴役就是他的堕落，他的罪。这个堕落有自己的意识结构，它不但可以被忏悔和赎罪克服，而且也可以被人的所有创造力量的积极性克服。当人开始做他的使命所要求的事情时，也只有在这个时候，才会有基督的第二次来临，那时将会有新天和新地，将会有自由的王国。

译后记

在我最需要的时候，别尔嘉耶夫出现了。

我的本科专业是数学，硕士专业是自然辩证法（科学哲学），属于哲学领域。不知为什么，那时我对哲学有着强烈的兴趣，一心想从事哲学研究。同时，却又觉得哲学离我是非常遥远的。因为就当时所接触到的东西而言，它们都与我所想象的哲学相去甚远。这令我非常苦恼。难道我一辈子要研究这样的哲学？

读硕士期间，我有幸被国家教委选派到苏联去留学。1988 年底，我来到圣彼得堡大学（当时还是列宁格勒大学）哲学系攻读博士学位。令我惊讶的是，老师们讲课的内容竟然都是我在国内已经熟悉的那套东西。面对这样的哲学，我依然不知所措。不过，从 1990 年开始，我接触到一批俄罗斯宗教哲学家的作品，其中印象最深的是别尔嘉耶夫。最先读到他的著作是《俄罗斯理念》和《自我认识》，我立即就被这些书给迷住了。读他的书，再也没有陌生感和距离感了。他的哲学思想对我的冲击非常大，重新唤起了我对哲学的兴趣。

在彼得堡的五年里，我的主要任务是撰写博士论文。论文题目虽然是科学哲学领域的，但我的心早已被俄罗斯宗教哲学俘虏了。别尔嘉耶夫成了我的哲学"初恋"。我暗下决心，以后要研究他的哲学思想。回国后，利用教课之余的时间（我的主业是讲授"自然辩证法"等公共课），我继续阅读别尔嘉耶夫的书，并逐渐开始翻译它们。我想要进一步了解他的哲学思想，看看他讲的到底是什么。我一本接一本地翻译他的著作，这个过程真的是非常享受。我喜欢他的直觉式思考方式和格言式的表达方式。我在他的书里流连忘返，书中的每一句话都让人深思，到处是精彩的论断，经常令我击节赞叹、拍案叫绝！一天不翻译点他的东西，似乎觉得缺少了些什么。这样，我先后总共翻译了：《论人的使命》《论人的奴役与自由》《精神与实在》《末世论形而上学》《神与人的生存辩证法》（均已出版），以及《自由精神的哲学》《真理与启示》《我与客体世界》《精神的王国与恺撒的王国》《新的中世纪》《人在现代世界中的命运》（尚未出版）。此外，我还翻译了他的一批重要的论文。

在翻译别尔嘉耶夫的著作时，我曾有个很自然的想法，就是要写一本关于他的哲学思想的书。但是，当我把这些书都译完后，写书的想法渐渐淡漠了。直到2009年，黑龙江大学的陈树林教授（可惜他英年早逝，天不假年，已经离开了我们）邀我写一本书，思来想去，我还是比较熟悉别尔嘉耶夫，于是就写了一本关于他的书，这就是2011年出版的《风随着意思吹：别尔嘉耶夫宗教哲学思想研究》。此后，我的研究兴趣就在别处了，剩下的那几本译著的出版问题，我也不再努力了。

我现在可以冷静下来，反思一下：别尔嘉耶夫给了我什么，又是什么东西令我失望了。

1. 通过别尔嘉耶夫，我发现了另外一种哲学，它与我此前接触到的哲学完全不同。他的哲学关注的是人，就是现实中的人，是生活在现实世界里的人，而且是关注每一个具体的人。他的哲学就是人学。活生生的人成为他哲学思考的主角，这在西方哲学传统里是很难见到的。在西方哲学传统中，不研究具体的人，活生生的人消失了，或者变成了概念。即使西方哲学研究人，也只研究他的某些部分，比如精神、认识能力等等。在这里，没有完整的人。别尔嘉耶夫把人的个性、自由、精神、创造等均涉及整个人的概念当作自己哲学思考的核心。传统意义上的西方哲学无法容纳下这样的人学。因此，别尔嘉耶夫的哲学与文学、宗教有密切的关系，广泛地涉及历史、政治等问题，这是非常自然的。西方哲学传统与科学的关系非常紧密。在这一点上，别尔嘉耶夫是俄罗斯哲学的典型代表。按照西方哲学的传统，别尔嘉耶夫的哲学变得不纯了。它不但与宗教搅和在一起，而且还与整个人文学科有关联。然而，哲学纯过吗？纯哲学是哲学的一个怪胎。

2. 最主要的是，别尔嘉耶夫教会我一套看待这个世界的方法和对待它的态度。在他看来，这个给定的世界，就是我们生活在其中的世界，不是稳定的、终极的世界。他称之为客体化的世界。这就决定了我们对待它的态度。尤其对哲学家而言，他不应该，也不可能爱上这个世界。不是这个世界不可爱、不能爱，而是我们不应该去爱它，爱上它就会被它奴役；更重要的是，有比它更可爱的东西存在。我们应该寻找那个东西——精神世界。

3. 别尔嘉耶夫呼吁，人不能接受这个客体化的世界，而是要抵制它、摆脱它。这是一条精神斗争之路。因此，人生就是一场精神斗争。人的生活归根结底应该是一种精神生活。即使是普通人，也需要过一种精神生活，哪怕是个唯物主义者。应该把过精神生活看作是人类的共同标志。哲学家就是过精神生活的"专业户"。

那么，什么是精神？如何过精神生活？针对第一个问题，别尔嘉耶夫谈得很多，他的哲学有明显的精神指向。但是，针对第二个问题，他给出的答案似乎太过于单一了。在他看来，只有哲学才是过精神生活的道路。是的，真正的哲学的确是精神斗争之路。但是，除了哲学之外，还有很多其他的精神生活的途径，比如，各类宗教的生活也都是精神生活。不过，别尔嘉耶夫对宗教生活谈论得不多，他对传统宗教的态度基本上是批判的。我最不能接受的就是他对东正教里的苦修主义的理解和批判。他没有在东正教苦修主义里看到任何有价值的东西。就我目前的理解而言，东正教的苦修生活是一种高级的精神生活，甚至是最高级的精神生活。即使是在哲学里过精神生活，东正教的苦修生活也具有重要的借鉴意义。

别尔嘉耶夫是俄罗斯宗教哲学的典型代表。与西方传统哲学不同，俄罗斯宗教哲学公开地在宗教里吸取资源和营养，尽管它对传统宗教也持一种合理的批判态度。但是，在谈到精神生活时，不知为什么，别尔嘉耶夫却拒绝了宗教资源。这一点是我无法理解的，它使我与别尔嘉耶夫之间产生了一定的距离。

总之，在我早期的哲学探索道路上，我最应该感谢的人就是别尔嘉耶夫，正是他的哲学把我留在了哲学领域，重新树立并巩固了我对哲学的信心。他教会了我如何对待我生活在其中的这个世界：不能爱它，不应该爱它。同时，这个世界自身也不可恨，如果真的恨它，那只能表明你对它的爱太深了，一旦它伤害到你，就能引起你对它的痛恨。即使对这个世界的爱并不总是产生恨，至少也意味着一种肤浅、庸俗和堕落。因此，人生活在这个客体化世界里，不应该爱它，也不能爱它，而是要摆脱它，摆脱它对人的个性的奴役。这就是别尔嘉耶夫所理解的精神生活的含义。

我们生活在其中的这个世界令我们不安，因为我们不能爱它，也不能恨它。它还以各种方式提醒我们，它就在那里，因此，对它的存在，我们又不能完全置之不理。这就是人生的永恒悲剧。针对这个悲剧，别尔嘉耶夫在《论人的奴役与自由》里有非常多的精彩论述。

《论人的奴役与自由》是别尔嘉耶夫在巴黎的创作高峰时期写的，这是他的最成熟的作品之一。他自己说，这本书对他有特殊的意义，他的一些思想在其中获得了最为尖锐的表达，因此这是一部比较"极端的"著作，并且非常符合其思想的偏激性，以及其精神类型的冲突性。别尔嘉耶夫还给这本书写了个"代前言"，他在其中总结了自己一生的哲学探索之路。总之，他自己对这本书非常看好。确实，这是一本经过深思熟虑的著作，是他非常用心写的一部著作。

首先，"奴役"第一次出现在他的著作的名称里。关于自由，别尔嘉耶夫写了大量的著作，关于自由的反面——奴役，他在这本书里首次作了比较系统的阐述。这个书名也最能反映他思想的矛盾性、极化性。

其次，这本书首次清晰地阐述了他的人学。别尔嘉耶夫不但将这本书的主题概括为"人格主义哲学简论"，而且，第一章开宗明义地交代了他的人学的基础——个性（личность）的概念。全书的第一句写道："人是世界上的一个谜，也许是最大的谜。人是谜，不因为他是动物，不因为他是社会存在物，也不因为他是自然界和社会的一部分，而是因为他是个性（личность），而且只因为他是个性。与人的个性相比，与人的唯一面孔（лицо）相比，与人的唯一命运相比，整个世界都是虚无。"别尔嘉耶夫通过个性概念展开自己的人学。个性（личность）是个俄文词，也可以翻译为"人格"。但是，我们尝试将其翻译为"个性"，以表明这个概念与西方哲学里的"人格主义"所表达的那个"人格"的不同，尽管别尔嘉耶夫自称为"人格主义者"（用的就是西方哲学的概念）。

再次，在这本书中，别尔嘉耶夫非常详细地描述了人置身于其中的这个客体化世界如何奴役人。此前，他虽然也总是谈论客体化世界及其对人的奴役，但大多数情况下，仅仅是一些声明而已。这些声明在这里获得了非常系统的落实。

最后，别尔嘉耶夫指出了摆脱奴役的途径——彻底战胜和摆脱客体化世界，只能发生在精神里，只能通过精神革命，借助于精神创造。这是一种积极的、创造的末世论。精神斗争发生在客体化世界里，但其终极指向只能是末世论的，即指向客体化世界的终结，指向另外一个世界。精神与另外一个世界相关。

本书曾于 2002 年出版，是我早期的译著。此次再版时，我根据原文逐字逐句地作了校对。疏漏之处在所难免，希望读者不吝指正。

张百春

2018 年春节

图书在版编目(CIP)数据

论人的奴役与自由/(俄罗斯)别尔嘉耶夫著；张
百春译. —上海：上海人民出版社，2019
ISBN 978 - 7 - 208 - 15662 - 3

Ⅰ.①论…　Ⅱ.①别…　②张…　Ⅲ.①人格主义-研
究　Ⅳ.①B82 - 063

中国版本图书馆 CIP 数据核字(2019)第 004268 号

责任编辑　毛衍沁
封面设计　周伟伟

论人的奴役与自由
[俄]别尔嘉耶夫　著
张百春　译

出　　版　上海人民出版社
　　　　　(200001　上海福建中路 193 号)
发　　行　上海人民出版社发行中心
印　　刷　常熟市新骅印刷有限公司
开　　本　635×965　1/16
印　　张　17.25
插　　页　4
字　　数　192,000
版　　次　2019 年 5 月第 1 版
印　　次　2019 年 5 月第 1 次印刷
ISBN 978 - 7 - 208 - 15662 - 3/B · 1381
定　　价　68.00 元

· 密涅瓦 ·